JN048268

# 佐渡金山

田中志津

角川書店

# 佐渡金山

田中志津

目次

装幀・南　一夫
写真協力（カバー）・アフロ

# 第一章

## 船出

昭和七年の春、新潟の県庁の役人だった父が首席属として佐渡支庁へ転勤になり、私たち家族は佐渡金山の町・相川（あいかわ）に移り住むことになった。新潟の郊外に近い家からハイヤーで波止場までゆく道中、乗物に弱い母はすでに酔っていた。

浅春の新潟港は早朝から荒れぎみで、万代橋（ばんだいばし）の下流にある埠頭の河面に風が吹き荒れ、おびただしい数のさざ波が揺れていた。

天空に北越の空独特の薄い鉛色の雲が低く垂れ込み、ときおりその雲の切れ間から青く透き通った空がのぞき、そのわずかな隙間から白い太陽が射し込んでいた。県庁の役人たちがすでに波止場まで見送りに来てくれていた。乗物に弱い母はせっかく装った大島の一対も、しっくり結い上げた洋髪も乱れがちで、見送りに来てくれた県庁の役人たちの前で、父と並んで挨拶するのがやっとだった。

鋳のきいたドラマチックな出港のドラの音が河面に響き、越佐航路の船はその巨体を日本海に現わすと、白波を蹴って、一路、佐渡ヶ島(さどがしま)に向かった。船は船腹に恐ろしいほどの水しぶきを跳ね上げ、三等船室の丸い小窓をしたたかに叩きつけていた。はるか遠い水平線に、重く垂れ込めた雲の層が、不気味な様相をみせて横たわっていた。私は一人、三等船室の小窓から、これらの風景を食い入るように見つめていた。浅春の北越の海は果てもなく茫々と広がり、峻烈だった。私はこの荒涼とした海の色を見るのが切なかった。

私はこれから訪れようとするまだ見ぬ金山の町に思いを馳せ、なぜか、悲しみが込み上げてきた。それは十五歳の乙女の感傷だったのだろうか。海鳴りの底知れぬ唸音と、船のエンジンの音を聞きながら、私はいつまでも立ちすくんでいた。

広い三等船室には赤茶けた畳が部屋一杯敷かれ、そこには人々が嘔吐するための小さな丸いガンガラの缶が置かれ、そのかたわらに行儀よく枕が並べられていた。乗客たちは船体が大きな揺れを見せて浮沈するたびに、手元のガンガラを抱え込んで伏せていた。

母も華奢な姿態を苦しげに畳の上に横たえていた。私たちはたがいに母を気遣った。

「ぎょうさんな荒れですのぅ。奥さんは船旅、初めてですかいのぅ」

かたわらにいた老人が父に言葉をかけた。父が初めてだというふうに答えると、

「そりゃ初めてじゃ、酔うのは当たり前だ」

老人はそう呟きながら「自分は若い頃から漁をしている。越佐航路のこの船は、自分の家のようなもの。お陰で船酔いは知らん。もっとも船酔いなんかしていたら、商売にならせんから

のぅ」

老人は赤銅色した皺深い顔をほころばせて言った。

「ところで、お前さん方、どこまで行かっしゃるンかのぅ」

老人は改まった調子でたずねた。

「相川までです」と、父が答えると、

「あァ、あの金山の町ですかいのぅ。いいところへ行かっしゃる。儂っしはもう、七、八年も相川の町には、行っちゃおらんがのぅ。佐渡はどこへ行っても、史蹟の多い島で有名だが、儂っしは金山の町が特に気に入りだ。なあンせ、日本一金塊の採れる古い鉱山町だからのぅ。あの町は今も昔も変わりのぅ、金塊が脈々と息づいている伝統ある町だ。儂っしら、佐渡の者の誇りとする金山でもあり、町でもあるからのぅ……」

老人は一気にしゃべった。

私は老人の熱っぽい口調に、金山の町・相川が、たいへんどっしりとした重みのある町であるように思えた。転勤間近の父が佐渡行きをひどく渋る母に、この島の人々の人情の機微を説き、おけさ踊りの本場であること、金が採掘される特異な町であること、海岸には随所に大きな岩石があり波に洗われていること、春日崎の岬がなだらかな起伏をみせて海岸線に優雅さを添えていること、海原を彩る落日の壮大な美などを語り、決してお前の考えているような淋しいところではないと母を説いていたが、私はこの老人の語らいに父が母を諭していたこれらの言葉を重ね合わせ、まだ見ぬ金山町に思いをめぐらせていた。
老人はなおも、父に話しかけていた。
海はあいかわらず吠えつづけ、はるか遠くに暗雲が垂れ込めていた。

あれほど荒れていた天候も、両津港（りょうつこう）が近づくころにはいつしか収まり、海は青く透明に光っていた。佐渡の山脈がなだらかな線を見せはじめ、民家の白い屋根が見え、ゆったりした両津港が霧もやの中におだやかなたたずまいを見せていた。私たちは乗客に混じって甲板に出た。甲板の上にシベリア風が容赦なく吹きつけ、そのまわりをカモメが海面すれすれに飛びかい、飛魚が銀鱗を輝かせて波の上を飛んでいるのが見えた。私は北越の海に向かって思いきり叫びたくなるような感動を覚えていた。さきほどの安定のない悲しみなど嘘のように拭われ、自分の心がいきいきと甦ってゆくのを感じていた。母は冷たいシベリア風に顔をなぶられながら、洋髪の髱（たぼ）のほつれ毛をかき上げ、青く澄んだ海を眺めていた。私の妹や弟たちも、甲板の上で上機嫌だった。
私はそのときふと、合せのコートを風にあおらせながら、家族から離れて一人遠い海に目を注いでいる父の面差しを見た。寛容さをたたえた父の瞳は確信に満ちていた。晩年に賭けた仕事への情熱だったのだろうか。しかしそれとは裏腹に、ふと目を伏せた父の横顔に隠しようもない孤独の影が宿っていた。私は一瞬立ちすくんだ。父は周囲から置き去られた人のように、甲板を背に遠い海の行く手を見つめている。海はざわめきを見せながらも、青く透明に光っていた。父はやがてなにごともなかったかのように、家族のところへ戻ってきた。

「さあ、そろそろ下船だぞ。いよいよ佐渡だ。みんな疲れたか。もう一息だ。頑張るんだぞ」

父の顔は思いがけなくさわやかだった。

さっき父の中に孤独を見たと思ったのは、あるいは思い違いだったのかも知れないと私は安堵した。

私たちは両津の港で一時間ばかり休憩を取った。佐渡支庁からの差し回しの車が来ていたらしく、父は中年の運転手と慇懃（いんぎん）に挨拶を交わしていた。両津の町並みを離れると、すぐそこに紺碧の加茂（かも）湖が車窓を彩った。穀物地帯といわれる国中平野（くになかへいや）が茫々とした広がりを見せ、どこか春の温もりが感じられた。遠くに山の峰が続き、羽毛を散らしたような雲が群がっていた。車は途中船酔いで疲れた母を気遣い、休み休みゆっくり走った。どのくらい走っただろうか、藁葺（わらぶき）屋根の村落が点々と存在し、廃墟に近いねぐらが続く、燃やし木の煙が、夕もやの中に立ちこめていた。暮れなずんだ島国の風景を、私たちはかなりの疲れでぼんやりと眺めていた。

「あと十分もすりゃア、中山峠ですがのぅ。トンネルさえくぐりゃあ、もうすぐそこが相川の町ですっちゃ」

黙りがちの朴訥（ぼくとつ）な運転手が、土地の方言を使って言った。

「もう少しの辛抱だ」

父の口添えもあって私たちはホッとした。

私は相川を目の前にして、なぜか胸騒ぐ思いだった。明るい灰色の外光に彩られた北越の都市・新潟。あの東堀、西堀に柳の木がたゆたっていた美しい町・新潟でのこれまでの五年に近い生活を思いうかべ、これから訪ねようとする相川の町での生活が、どのような変化を見せて展開されてゆくのであろうかという少女らしい漠然とした不安と、反面、瑞々しいほどの期待が交差していた。

相川町の玄関口にあたる中山峠にさしかかったとき、すでに夕闇は深かった。でこぼこしたトンネルを通り抜けると、急に磯を洗う波の音がし、眼下に町の灯が海風に煽られ、流れるような美しさで見えはじめた。

「あれがこんどお前たちの住む相川の町だ」

父が言った。

夜のとばりに覆われた相川の町は、深い藍色がかった海のざわめきの中にあった。小高い山に、町の灯が静かに流れていた。寂とした風景だった。その中で波のざわめきだけが執拗だった。そのざわめきは、海底から聞こえてくる人々の悲しい叫びのようでもあり、うめき声のようでもあり、すすり泣きのようでもあった。その波のざわめきの空間に、濡れて満たされた情熱が秘められているような気がした。観念の世界の感覚であろうか。思春期を迎えようとする私の胸に、海はいつも、いくつかの多様性を含んで、私の中に潜在していたようだった。私は息をひそめ、海のざわめきを聞いていた。

車はでこぼこした峠道をしばらく降り、町に入った。狭い町通りに隙間なく家並みが続き、どの家の店先のガラス戸も寒々とした垂幕が降ろされていた。やがて私たちは古びた旅館の前で降ろされた。朽ちた門の陰気そうな旅館だった。すぐ前に立派な風格を備えた旅館があったが、私たちの降ろされた旅館がうらぶれて見えたのはそのせいだったのだろうか。

父は私たち家族を呼ぶ一ヶ月ほど前から、この宿に滞在していたという。ここの主人（あるじ）はおよそ商売っ気のない無愛想な男で、お内儀（かみ）は髪の毛のちぢれた、どこかおどおどした感じの小柄な女（ひと）だった。お内儀は暗い廊下を通って、私たち一家を二階に案内した。裸電球のついた湿っぽい部屋だった。

「ようこそおいでなさいました」

お内儀はめいめいにお茶を差し出すと、小さな急（せ）くような声で言った。風呂の用意が出来ていること、夕食はそのあとすぐに運ぶと言い、「こちらの旦那さまには、いろいろご厄介になっています」とつけ加えた。お内儀は終始うつむき加減だった。

お内儀が障子を開けて出てゆくと父は、

「今晩だけだ、ここに泊まるのは。明日はこの先の石扣町（いしはたきまち）に家を借りてある。きれいな広い家だから安心せい」と言った。

その晩、荒磯の波の音が耳について、私はなかなか寝つかれなかった。母はその夜遅くなって風呂に入り、夕食は気分が悪いと言って食べずじまいだった。

## 石扣町の家

翌朝はさわやかな海鳴りの音で眼が覚めた。鄙びた町に磯の香が立ちこめていた。私たちは石扣町の家に越した。なるほど父の言ったように、この家は古くはあったが、表通りに格子戸のはまった手入れの行き届いた家だった。家の中は三間続きの部屋が並び、奥に縁側がついていた。そこにかなり広い庭があって、太い幹の松の木が植わっていた。玄関からまっすぐ奥に、土間をコンクリートで固めたタタキが長く続き、中央の六畳間に二階に上がる階段があった。この階段はタンスと併用しており、階段の側面はタンスの引出しになっていた。茶褐色の渋い光を持ったタンスは部屋にどっしりと据えられ、深くよどんだたたずまいは、かつて金山町に住んだ先人たちの歴史の重みが感じられる格調高いものだった。台所の片隅に大小のかまどが二つ並び、天上屋根に明り取りの窓がついていたが、高い天井は煤で黒ずんでいた。その奥に釣瓶井戸があった。そこには、床をコンクリートで張った広い洗濯場と手洗い場があった。この家は実に奥行きのある広い家だった。土地の人々の話によれば、この地方の住居はほとんどがこうした京造りの家だということだった。

私はこの家の釣瓶井戸のガラス戸越しから夕陽を見るのが好きだった。とてつもない絢爛とした夕陽が、ガラス戸を赤々と染めた。傲慢で贅沢でさえある夕陽。あるときはおぼろげに、なよやかな照りを見せて光っていた。夕陽は多彩な色合いの中で、確実に秒を刻んで輝いた。喜びも悲しみも包含した、普遍的な意志を持っているかのように。その輝きが徐々に薄れてゆくと、茄子色の暮色が浜辺の町を静かに包んだ。私は落日の夕陽の中に、魂の燃焼を見ていた。

私たちの住んだ石扣町は、この町の本通りに位置し、父の下宿した旅館からほんの五、六分のところにあった。旅館から石扣町の家に至るまでの商店街には、電力会社・乗合自動車の待合室・郵便局・酒屋・くすり屋・風呂屋・本屋・写真屋・カフェー等々がひしめくように並んでいた。これまで新潟の静かな住宅街に住んでいた私には、このごみごみした町並みがどこか鄙びて見え、粗野な感じがして落ち着けなかった。しかし日が経つに従い、ここがメリハリのある虚勢を張らない町であることを知り、親しみを覚え、退屈しなくなっていた。

家のすぐ前に天理教の教会があった。近郊の村人（信徒）たちが野菜や米などを背負って、朝からぞろぞろ訪れた。信徒たちはこれらの品々を神前に供え、その前で輪になって手振りよろしく「悪しきを払うて助け賜い、天理教のみことー」と唱えながら日がな一日、入れかわり立ちかわり踊った。信徒たちの踊りは家の格子戸越しからよく見えた。私たち弟妹は、祭りの舞台でも見るような気安さで眺めた。

「神さまの祭りごとをのぞき見るようなことをしてはいけない」と私たちはよく父母にたしな

められた。

純朴な村人たちは、近郊から一日がかりでこの教会に集まり、陽気に歌を唱え、陽気に踊り、神に願いをかけていた。信徒たちはそれぞれに悩み、苦しみ、悲しみを持っていたに違いないのに、彼らの表情からはその葛藤のかけらさえも見られない。彼らは決して深刻ぶらず、神への祈りを捧げていた。当初気安さと物珍しさで眺めていた私は、この信徒たちに、なにか後ろめたさを覚えるようになっていた。

天理教の教会は信徒たちで賑わったが、家の隣は算盤塾で賑わった。日暮れになると小学生たちが算盤を鳴らしながら、どこからともなく集まった。「願いましては、なん銭なーり、なん拾銭なーり」と、威勢のいい声が狭い玄関口のあたりから聞こえていた。夕闇がせまると、蜂の巣をつついたような子供たちの騒ぎが引き、いれかわりに高等科の生徒や中学生たちが集まった。読み上げ算の数字も、それにならって大きく変わっていった。

この塾の高齢の女性は、吹けば飛ぶような痩せぎすの人だった。黒っぽいガス銘仙の着物を崩れるように着て、ほつれ毛を頬に垂らし、酒気を帯びた顔で、ときおりわが家を訪れた。高齢の女性は部屋の中央にある上がり框(がまち)の縁台に腰を降ろし、母と長々と話していた。

「こんばんは。奥さん、いつも子供たちがやかましゅうて、すまんこんですのぅ」

高齢の女性はこの日もかなり酩酊していた。

「いいえ、もうすっかり馴れっこになりました。それよりお婆さん、今日もいいご機嫌で……」

「へぇ、こうして子供たちの帰ったあと、一杯飲む酒は格別ですっちゃ」

「楽しみがあって結構ですよ。あれだけおおぜいの生徒さん、教えておられるんですもの。そのくらいの楽しみがなくてはね」

「へぇ……、いまは教えちゃいやせんちゃ。昔教えた生徒たちが、立派な若者になって、わしのかわりになって教えてくれるんで、わたしゃ幸せもんですっちゃ」

「お婆さん、子供さんは？」

「へぇ、娘が一人おるんですがのぅ。長野で世帯持って、学校の先生しているんですちゃ。娘は算盤塾なんかやめてしもて、長野へ来んかというんですがのぅ、わたしゃ行きゃせん。この相川の町から離れやせんちゃ。長野へなんか行こうもんなら、金山の町で幾世代も生きつづいてきたご先祖さんに申し訳がたたんですがのぅ」

高齢の女性は声高に笑った。

「でもお婆さん、そのお年でお一人でいらっしゃるんじゃ、娘さんご夫婦も心配でしょうに……」

「いや構わせんちゃ。自分の娘がそばにおらんでも、算盤塾に通ってくる子供たちが、みーんな、わしの子供ですがのぅー。わしにゃ子供がぎょうさんいる。みんなかわるがわるに洗濯してくれるしのぅ、ご馳走だって持って来てくれますっちゃ」

高齢の女性は酒気を匂わせ、口をなめずりながらろれつのまわらぬ口調で、手振りよろしく、母と話していた。

塾長のこの高齢の女性は若い頃、町のあちこちに塾生を百五十名も抱え、鉱山まつりには、これらの塾生を仮装行列に加えたり、習字や文集などの回覧を出したり、なかなか画期的な活動をしたというが、その頃の高齢の女性の印象からは想像もつかなかった。

私の家は前が天理教、隣は算盤塾と、たいへん騒々しい環境であったにもかかわらず、当時の私はいっこうに騒々しいとは感じなかった。

家の四、五軒先に、白い洋館造りのカフェーがあった。いつも三、四人の女性がいたが、昼間はがらんとしていた。彼女らは昼過ぎになると店内や外まわりをかったるそうに掃除していたが、くすんだ花模様の着物に襷（たすき）をかけた彼女らの表情には、意外と生活の濁りは見られなかった。眩しいほどの夕映えが相川湾を染め、その光の綾が岩影に、町並みに、人々の顔に照り映える。夕映えが引くと日没の暗い影の部分がはびこる。この一瞬の空虚さを救うように、町のあちこちに灯がともりはじめた。

店内に赤い灯がつき、女性たちは艶っぽく結い上げた洋髪に赤いべっ甲をつけ、顔から首筋にこってりと白粉を刷き、派手な着物の上に白襷のエプロンを掛け、すっかり夜の女になりきり、店先で客を呼び込んでいた。店内の蓄音機から「昔恋しい銀座の柳…」「君恋し…」などの流行歌が流れていたが、やがて客のざわめきが聞こえ、女性たちの嬌声がしていた。このカフェーに、どんな客が入っていたかは知らない。少女の潔癖さで、私は無関心を装っていたようである。私はときたま銭湯の帰りに、男たちの中に混じる彼女らの嬌声を聞いたことがあった。それは海鳴りの音の激しい時化の日であったように思う。このカフェーは、女性が三、四人いたわりには普段は閑散としていた。彼女らの乾いた嬌声の奥にひそむ悲しみがわかるような気がして、私はこのカフェーの前を少し重たげな心で帰ったものだった。しかしあるいはそれは、時化の日の滅入った私の心が、そう感じさせていたのかもしれない。

家の裏通りにあたる海岸沿いに、海産物を手広く商う店があった。漁師を使い、船も何艘か持っていたようである。そのかたわら精米も営んでいた。お内儀は色白で豊満な身体に、髱を張り出した束髪がよく似合った。このお内儀は叺に入れた米俵を背負ってきては、ひとしきり母と話し込んでいた。

「奥さん、今日は朝とれたばかりの生きのいい生イカ、持って来ましたっちゃ。すぐ刺身にしておあがんなさいませっちゃ」

「今日はひじきの乾燥したのを持って来ました」と、言ってはよく届けてくれた。

如才のない主人は、私たちを春日崎の岬近くの海へ、持ち船を漕ぎ出して案内してくれた。私たちは船の縁に身を寄せ、主人が用意してくれた小さなガラス箱を通して、海底を遊泳する魚や鬱蒼と繁った海草を満喫したものだが、素朴な夫婦のさりげない親切がうれしかった。

このお内儀はある日、私にこんなふうに話してくれた。

「お嬢さん、新潟からおいでなされて、相川の町は古い家並みばかりで、がっかりなされたでしょうのぅ……。でもお嬢さん、この古い町並みは、金山(やま)町にふさわしい趣っちゅうもんがあるでしょうがのぅ……。相川もこれで両津や、河原田(かわはらだ)（いまの佐和田町(さわたまち)）のような大火事にでも遇ってりゃあ、ちったぁ都会らしい町にもなるんでしょうがのぅ……。でものぅ、お嬢さん。この町に長く住まわれて見いちゃ、きっと、この町のよさがわかりますっちゃ」

お内儀は何の虚飾も誇張もなく話した。越佐航路の船の中で語った老人もそうであったように、佐渡の人々にとって金山の町と人とのつながりはかけがえのないものだったようである。私は実際、なんのおもんばかりもなく洗いざらしの心でこの町を愛する人々の深い真情に、その後もたびたび触れることができた。

私が最初に見たこの町の印象がどこか落ち着けなく粗野に感じたのは、私がまだこの町に不馴れだったことと、この町が遠く江戸時代から金塊を掘りつづけてきた無骨な男たちの住んだ町であり、彼らの苦難や忍従を強いた時代背景がどこか荒削りな印象を与えていたせいかもしれない。

石扣町のわが家から十分くらいの位置にあった佐渡金山ではあったが、当時女学校に通っていた私は金山を訪れるでもなく過ごしていた。しかしまだ薄暗い早朝、家の前を列を作って通る黒々とした人の群れが、金山に勤める職員や工員たちの人の波であることは知っていた。一年後、私が金山に入社し、この人々の列に加わることになるとは、当時思いもしないことだった。

## 陽光と影

冬の海の咆哮が長く尾を引いて流れ、強いシベリア風が音を立てて金山（やま）の連峰を射るような鋭さで通り過ぎていった。渡航はとだえ、新聞もいく日かお預けとなる。この時期、本土から取り残された島人の孤独感が大きく膨らむ。しかし逆に人々の間に連帯意識ができ、親近感が育まれていった。

凍った冬が過ぎ、早春が忍び足で近づいていた。冬の名残りが、広い海原に重いうねりを残してざわめいていた。荒れ模様の日は近くの岩影に波しぶきが牙をむいて挑み、切り立つように高く築かれた堤防の石垣を高波が乗り越え、狭い海岸沿いに並ぶ民家の道路を洗っていた。私たちはしぶきを顔一杯に浴びながら、高波の引くわずかな合間を縫って、冒険好きな男の子がするように、狭く切り立った堤防の道をはしゃぎながら駆けて渡ったものだった。浜通りの民家はよく高波をかぶって浸水し、畳がブクブク浮いていた。

やがて訪れた春の海が、のたりのたりと柔らかい日差しの中に、明るく藍色を帯びて光っていた。早春の海に水鳥が遠いシベリアに向かって飛び立つ。春の海は急に開け放たれ、空気の広さが感じられた。冬の海の咆哮が嘘のように洗われる一時期であった。

そのころの父の支庁での生活は多忙だった。新聞に「支庁長のよき女房役増川首席属、車中にて語る」という大きな見出しで報じられたのもこの時期だった。当時西三川（にしみかわ）という村で困難な内紛でも起きたのか、父は二ヶ月ほどこの村の村長代理を務め、西三川に滞在したことがあった。西三川は佐渡金山開坑以前、すでに砂金の採取がさかんに行われ、佐渡における金山発祥の地でもあった。西三川の父から母宛に、墨あとのたっぷりした流れを見せた手紙がよく届いた。「みんな身体に気をつけること。戸締り、火の用心を忘れぬこと。次に帰るのはいついつになる」というたぐいのもので、几帳面な父の性格がのぞいていたが、母はそのたびに少し不服げだった。

　石扣町の家に羽織袴をつけた純朴そうな村人たちがよく訪れた。どこの村役場の人たちだったのだろうか。「先生さま、ご在宅で」と彼らは慇懃に玄関で挨拶をした。母は彼らの前で三つ指をついて出迎え、父に彼らの来意を告げていた。洋髪を形よくまとめ、垢抜けた着こなしの母は、来客のもてなしにも心を配っていたようで、そのころの母には官吏の妻としての落ち着いた気品がうかがえた。

　父は公的な仕事についてあまり話す人ではなかったが、講演のための原稿を奥座敷の机に向かってよく書いていた。父は原稿を暗誦するため、私にそのたび原稿を手渡した。父の原稿を見るのが、長女の私のそのころの役目だった。私は父にときおり国語の漢字や、その意味などを教わることはあっても、日常生活の中では父との会話はあまりなかった。父は細かいところによく気の付く人で、朝方母が炊事の仕度で台所に立っている間、蚊帳のたたみ方や、掃除の仕方などを、その場、その場で私に教えた。私は常々父に甘えたいという願望はあったが、なぜかそれはできなかった。

日曜日、父は小学校五年になる長男とよく絵筆を取った。弟は成績がよかったため、父は大学に進学させる心づもりでいたようだが、弟が中学五年の夏、脳溢血で倒れて一夜にして帰らぬ人となったため、弟は東北のある高等工業に入学した。

父は水彩画を好んだが、その描く絵は主に墨絵だった。作品は限られていて、床の間に飾られた掛軸の模写や、壁に掲げられた額入りの色紙絵の模写だったりした。中国の山水画とか、仔犬が二、三匹たわむれている絵となると、大作とあって、畳の上に画仙紙を広げて身を乗り出すようにして真剣に描いていた。

「何といっても墨絵は格調があっていい。金でもできたら、表装してみようか」

父は煙草をくゆらせながら描き終えた絵をさも満足そうに眺め、自画自讃していた。その墨絵は未熟なものだったに違いないが、私も父の絵をなかなかなものだと思い込んでいた。

父はある日私に「小説を書いたから読んでみないか」と、原稿用紙を渡した。短編でも書いたらしく、赤線入りの罫紙に十二、三枚はあったように思う。私は「父さんの作り話を読むなんてつまらない」と、始めの方を少し読んだだけで返してしまった。その原稿は垣根のある家の前を、仔犬をつれた少女が散歩しているというような書き出しのように覚えている。私はそのあとに続く文章を少し読んだのだろうが記憶にない。一生懸命創作したものだろうに、そっけなく返した娘の行為を父はさぞ淋しく思ったに違いない。私はいまもそのことを後悔している。

当時姫津の漁村に郵便局ができ、父はその看板を局長に頼まれて書いたことがあった。看板はいついつまでも記念に残しておきたい、という局長の話だった。父は快く引き受けて書いたが、あれから四十年という膨大な、嘘のような歳月が流れていた。分厚い檜板に横書きでなみなみと墨汁で書かれた看板は長い歳月、荒磯にさらされ、朽ち果て、いまはその原形さえもとどめていないだろう。もしその看板が残されていたら、私は四十年前の父の魂に触れる思いで、その看板の一字一字を父への思慕でなぞっていただろう。のちにこれを知ったこの町の小学校長が姫津の郵便局へわざわざ問い合わせてくれた。「父上の書かれた看板は朽ち果ててしまい、郵便局では昭和四十六年に取りこわしたそうです。惜しいことでした」と、丁重な書簡が私の元に届いた。私はこの校長の心優しい行為に感謝した。

昭和八年の春、日中十五年戦争勃発の翌々年、東久邇宮稔彦殿下が第二師団長として、妃殿下同伴で来相された。父は送迎の車の扉の開け締めなどを仰せつかっていたようで、礼服に身を正して家を出た。そのときの父の表情は、さすがに硬張って見えた。父は旅館にお着きになられた妃殿下のお化粧道具が、身のまわりの品々と並んで畳一杯に並べられていたと家に帰って話したが、「さすがに妃殿下となられる方は違うものだ」と驚嘆していた。私はそのころ町の女学校を卒業し、仕立屋に通っていた。ちょうど、殿下をお乗せした車が、随員を伴い、町の商店街を通って金山に向かわれるというので、私たち縫子はそわそわと仕立屋の前で殿下をお迎えした。車の中の殿下の凜々しい軍服姿が、にこやかに私どもに向けられ、挙手の礼をしながら通られたとき、十六歳の乙女心は高貴の方に挙手の礼を受けたということで、かたじけなくて、身体の細胞が震えたことを覚えている。

この殿下はのちの敗戦直後、政府の要望を受けて内閣を組織し、降伏文書に調印し、軍隊解体など重要な終戦処理をなしとげられた人で、やがて皇族を離脱し、一庶民として質素な生活をされたのである。

真野神宮で祭礼があった。

父はこの祭礼で束帯を身につけ、頭に垂纓をかぶり、添え人の捧げる朱塗りの大きな傘に入り、能楽器の奏でる中を、おもむろに笏を手にして石畳の敷いてある参道を通って社の中に入っていった。

「母さん、ほら、あそこに父さんが朱塗りの傘の中に入って通ってゆくのが見えるでしょう」

「母さんはきまりが悪くて、とても見てはいられない。早くこの行事が終わってくれたらいいんだがね」

母は境内の参拝客の中に混じって小さく言った。私も母と同じく照れていた。束帯を身につけ、朱塗りの傘の中に入って、笏を手にしずしずと進んでゆく父の畏まった姿は、見馴れないせいもあってか、逆に滑稽にすら見え、私は父にすまないと思いながらも身の置きどころがなかった。この祭礼に父が出たのは、県知事代理ということだったが、それにしても支庁の役人がこうしたことまでやらねばならないのかと、私は不思議だった。

その夜、私は父母とともに真野の旅館に一泊した。部屋に通されたあとお茶を運んできたのは、驚いたことに、相川で父が下宿していた旅館のお内儀だった。相手も驚いたらしく、思わず目を見張った。小柄なお内儀はあいかわらず、赤いちぢれっ毛をして、どこか影が薄かった。

「まさか、旦那さまにこんなところでお目にかかろうとは、思っても見ンことでした。あの節はいろいろとお世話さんになりまして……。お世話になりっぱなしでいながら、旦那さまに挨拶もようせなンで、あの旅館を飛びだしてきてしもぅて……。至らンだらけで、申し訳のぅ思ってます」

お内儀は目をしょぼつかせ、オドオドした口調で言った。

「どうして、またこんなところに」

「はァ……」

「いつから、ここに来て働いていなさる」

父が重ねてたずねると、

「へぇ、もうかれこれ一ヶ月にもなります」

「うーん、それは別れなさったってことかね」

「えェ、もう、もう我慢ならせんで……」

「……」

父は押し黙った。

父は相川へ転勤し、家族を呼ぶ一ヶ月前を相川のお内儀の旅館に仮寓していたが、このお内儀の主人に囲い女でもできていたらしく、父はお内儀にいろいろ相談を受けていたようであった。

お内儀の話によると、彼女はあれから旅館を飛び出し、知人を頼ってこの真野の旅館に当分の間働かせてもらい、そのうちに身の振り方を考えると言っていた。父と母はそうした彼女をいろいろ励ましていたようである。

「もう皆さんに心配おかけするようなことは致さんつもりですっちゃ」

お内儀は低く呟くと、そこそこに廊下へ出て行った。父と母は彼女のことについてなにかと話していたようであったが、私はまだ女の心底からの辛い悲しみなどわかっていなかった。私たちは湯上がりのあと、糊のきいた小ざっぱりとした浴衣に着がえ、夕食の膳についた。父は先ほどから杯を重ねていた。膳を運んできたのは若い娘で、お内儀はそれっきり部屋に姿を見せなかった。

石扣町の私たちの家には佐渡支庁の夫人たちが、入れかわり立ちかわり訪れた。

支庁長夫人は、二百三高地の髪を結い、自分の孫といってもいいような乳飲み児をつれて連日のように遊びに来た。きめの細かい、艶のいい肌をしたこの夫人は屈託のない人で、いつも陽気に高笑いをしながら話していた。

農林技師を夫にもつ夫人は、小柄で豊満な肉体をした人で、瞳に笑みをたやさなかった。この夫人は若いころ、村の娘たちに手芸を教えに、県下の農村を指導して歩いた活動家でもあった。自宅には美しい手編みのセーターや刺繍を施した数々の作品が、いくつもの行李（こうり）に収められていた。農村を巡回したころの写真なども見せてもらったことがあった。洋行帰りの女性のように長いドレスに帽子をかぶり、村の娘たちに囲まれ、にこやかに笑みをたたえて写っていた。大正中期ころだっただろうに、たいへん進歩的な女性だと思った。彼女の夫は、芦田伸介を思わす、渋みのきいた男性だった。子供のいないせいもあって、彼らはたいへん仲睦まじかった。私は母のいいつけで、浜辺の近くにある夫人の家を訪れたが、夫人は女学校を卒業したばかりの娘に、言うまじきことを事もなげに例のにこやかさで話した。私は相槌の打ちようがなく、顔を赤らめたものだった。

県視学夫人は恰幅のいい人で、いかにも包容力を感じさせる人柄だった。彼女は若いころ看護師をしていたそうで、この夫人は私たちが父を亡くしたとき、父の身体をすっかり清めてくれた。短歌をたしなむ夫人は、葬儀の日、憔悴した母の姿を短冊に託して贈ってくれたが、母のやつれた華奢な肩におくれ毛が垂れている風情を謳い上げたように記憶している。その瑞々しい夫人の筆致を私はいまも忘れていない。

母はこうした夫人たちとの交流を大切にしていた。

そのころの母の生活は満たされたものだった。支庁の夫人たちが入れかわり立ちかわり訪れたし、菓子屋の店娘が襟元をつつましく合わせ、メリンスの前掛けを下げ、舟の中に彩りの美しい生菓子などを入れた見本を持ってご用聞きに来たり、呉服屋の番頭が木綿縞の着物に角帯を締め、一抱えもある反物を背負ってご用聞きに来た。

「へェ、奥さま、今日は新柄が入りましたので、この柄は奥さまにお似合いかと存じまして……。こちらの華やかな柄は、お嬢さんたちにいかがかと思いまして……」

実直そうな中年の番頭は、手のひらで反物を器用に回すと、いきおいよく畳の上に広げて見せた。高価な品は買えなかったが、縞柄の上品な壁お召しとか、娘たちにはガス銘仙の矢絣や花模様の明るい反物などを買った。

長い裁板（たちばん）の前に座り、母はこれらの反物をせっせと縫っていた。器用だった母は、家で染物をし、伸子張りをし、布団の綿入作りをしたり、張板を出して張り物などもした。新潟時代に県庁の夫人たちから教わったと、父のシャツやズボン下なども、細かく目を揃えたメリヤス編みで編んでいた。母は支庁の夫人たちの交流の中でも、手を休めることを知らない女だった。

おかげで私たちはいつもふわふわした布団に寝られたし、学校から帰れば縫い上がったばかりの小ざっぱりとした着物に着替えさせられた。束髪に結った母は、いつも着物の上に襷を掛け、メリンスの前掛けをつけて忙しく立ち働いた。母は何事にも深刻ぶらず、物事を楽しんでやる質(たち)の女だった。広い台所に入り、かまどに火をくべて料理をしながら、昔とった杵柄でよく義太夫などを唄っていた。家の中はいつもきちんと整理されていて、さりげない雰囲気の中にどこか艶めいたものが感じられた。私は母のいるこの家が好きだった。

母は週一回生け花をたしなみ、三味線を習った。三味線を教えに来る師匠は、水金(みずかね)という遊廓町から来てくれていた。この師匠はふくよかな艶のいい顔をした明るい人柄で、二百三高地の髷がよく似合った。若いころ北海道で芸者をしていたそうで、この家の御曹司の話によれば、家では三味線を六、七丁も置き、佐渡金山に勤める職員の奥さんたちや金山の事務員さんに三味線を教えていたという。母がこの師匠をどうして知ったかはさだかではないが、師匠はわざわざ石扣町のわが家まで足を運び、教えに来てくれていた。

「若の浦にはぁー　名勝がござあるぅー」

ふくよかな師匠とすんなりした母が奥の座敷で座布団の上に向き合って座り、三味線を弾きながら唄っている姿を私はときおり見かけた。そのころの母は、端唄や六段なども弾きこなすようになっていた。

「奥さん、物覚えがよういらっしゃるのぅ。こういう人は教えやすいですっちゃ」

「まァ、物覚えがいいなんて……。気が引けますが」

「いやァ、奥さんは三味線の勘どころを、ちゃーんと心得ておられますっちゃ」

「そんなにおおぎょうに誉めてもらって……」

「おおぎょうでも、なんでもないですっちゃ。ほんとですがのぅ」

「もしそうだとしたら、若いころ三味線すこーし、たしなんだせいでしょう」

「ほぅ、どうりでのぅ。少しでも三味線たしなんだ人は、やっぱり勘ちゅうもんが働きますけんのぅ」

おさらいをすませてスイカなどを出してねぎらう母に、この師匠は顔の汗を拭き拭き、艶のいい頬をほころばせて言った。

そのころの母の浴衣姿を私は美しいと思った。無造作に束髪に結った撫で肩に衿を抜き、涼しげな半幅帯を締め、団扇手で客と語らっている姿は、ありきたりの身なりなのに、娘の私にはひどく艶っぽく見えた。母の周辺にはいつも洗われたような華やいだ空気が流れていた。私は母がそこにいるだけで安堵し、満たされていた。

雪深い機織(はたお)りの町・小千谷(おぢや)で生まれた母は、この地方のどこの家の娘もそうであったように、娘時代から製糸工場で生糸を紡ぎ、機を織って暮らしていた。芸ごとの好きだった母は芸者衆のおさらい会が町の寺院で催されると聞くと、一番前の席に陣取って聞き、芸者置屋であると聞けば、好奇心につき動かされ、その置屋の玄関口の障子戸にそっと穴を開けて聞いたという。

十二、三歳のころだったようだ。義太夫や端唄はそのころに覚えたようである。三味線も小さなものを買い求め、見よう見まねで覚えたと聞いた。娘時代から憧憬していた月給取り（いまでいうサラリーマン）の生活、三味線の弾ける生活、四十歳半ばにして父によって得られたこの幸せを、母は味わっていたことであろう。

父も母と同様、小千谷縮みで知られる新潟の小千谷で生まれた。父の生家は元治のころから代々続いた縮問屋「増善（ますぜん）」であったらしく、祖父は十一代目を継いでいたという。大勢の人を使っており、父は乳母によって育てられたという。しかしそれも束の間、明治十四年の松方デフレの影響で、町の豪商は次々に倒産の憂き目にあった。父の生家も同様だった。倒産になる寸前、商売用の大釜が轟音を立てて割れたという。祖父はそうした痛手を受けてか、父が二歳のときすでに没していた。父の運命は、生まれながらにして塗りかえられていた。

父は小学校を卒業すると、町の花餅屋に奉公したがそれにあき足らず、裁判所や税務署の雇になり、遠く高田（たかだ）（いまの上越市（じょうえつ））の税務署にも派遣されたという。その後も町役場の書記などを勤めた。役場の書記時代、郡役所の役人に要望されて父は郡役所入りをした。大正十一年、その郡役所が郡廃により廃止されると、父は新潟の県庁に配属され、その後佐渡支庁に首席属として栄転したのであったが、転々と役所畑を歩いた父の長い役人生活には、上司からの抑圧も多かったと思う。愚痴めいたことを言う父ではなかったが、その長い下積み生活から得たものは、横溢した精神力であったのかも知れない。

そのころのわが家では、当時どこの家庭でもそうであったように、早朝、掃き清められた家の中で、神棚にかしわ手を打ち、仏壇に灯明を上げ、家族そろって祈りを捧げ、朝食の膳につくのが習わしであった。あのすがすがしい朝のひとときの身の引き締まりは忘れられない。仏壇には母の手によって、毎朝炊きたてのご飯が供えられ、学校から帰るとわれわれ子供たちのおやつは、きまって仏壇に和紙に包まれ載せられていた。大晦日には、父の手で清められた神棚に給料袋が供えられ、家族みんなで合掌。元旦は父の音頭で「金剛石」の歌を合唱させられた。

「金剛石も磨かずば、玉の光は添わざらん、人も学びてのちにこそ、まことの徳はあらわるれ」

そうした歌詞のように覚えている。父はこうした歌に、子供たちの教育を託す一面もあった。正月、役所の人々が挨拶に来た。父は朗々とした声で天神囃子（父母の生地では正月祝い歌としてよくこの唄が歌われた）を唄い、母は三味線を爪弾きながら端唄や義太夫などを唄って客をもてなしていた。母が丹精して作った色彩豊かなおせち料理が会席膳に並び、白い電灯の光が粉をふいたように灯った部屋で、私たち四人の子供たちは、ともにこの雰囲気の中にあることを楽しんだ。

私は娘時代、父母の争いごとをほとんどといっていいくらい聞いたことがなかった。平淡な日々をなんのためらいも、いぶかりもなく過ごした。つまり夫婦の在り方とか、家庭の在り方というようなものは、あまり考えても見なかった。私の思考はまだ幼かった。

石扣町のわが家の生活は、日差しの中の花のように、豊かなたゆたいの中にあった。しかし、娘時代にこのような満たされた日々を送ったことは、逆に言えば、私の結婚観をあまりにも安易なものにさせた。将来自分に全く予測もし得ない屈折した不条理な人生が待ち受けていようとは、その時点で私は予想だにしてはいなかった。

## 島の女学校

昭和七年四月、私はこの町の女学校に四年生として転校した。女学校は小学校の二階の一部を借りたいわば雑居生活だった。私の編入したクラスは、生徒数わずか二十五名で、全校生徒は百名をわずかに超えるに過ぎなかった。昭和初期の全国的不況下で、中等教育を受ける志願者の減少していた時代ではあったが、それにしてもまったくの小規模校といってよかった。その後、町の中学と合併して県立相川高等学校となったが、私はこの島の小さな女学校に多分の親近感と興味を覚えた。小学校と雑居という特殊な環境下にあったことも手伝って、新鮮な躍動を感じていた。

校長は小学校長を兼任した人で、人間の根元的な愛の在り方を常に説いていた豊かな知性と温厚さを備えた先生だった。教師陣も個性的だった。見るからにインテリジェンスが身についた、歯切れのいい英語教師。代数・幾何を担当した真摯な姿勢の新任教師。彼は茶褐色の顔をしているところから、ヨジミチンキというニックネームがついた。新任の体操教師は躍動する体軀に浅黒い顔、スピッツのように輝いた瞳を持つところから、ニックネームはスピッツ。ひょうひょうとした風采の中に人間味を秘めた教頭の園芸教師。この教師は実習のない日は教室で学習をすることになっていたが、若き日の夫人とのエピソードをよく話してくれた。熱心なクリスチャンだった先生は、北海道のある町の美しい教会で彼女と顔を合わせるようになり、可憐で明るく美しい彼女に惹かれ、教会に祈りを捧げにゆくというより、彼女に逢えるよろこびの方がはるかに大きく、ついに彼女を口説いて結婚したという。若き日の教会の話になると、細い目を一層細め、人なつこい表情で語った。

教師陣の中に実家が寺院という国語教師がいた。先生は音楽に優れ、女学校の低学年の生徒の音楽教師でもあった。落ち着いた風貌と声量のよさが魅力だった。この教師は生徒の前で、私の作文を名前を伏せて読んでくれたこともあった。三人の女教師は裁縫と家事科を担当した。二百三高地を結った年輩の教師の娘は、私のクラスの級長だった。三人の教師は長い袴をつけた着物姿がよく似合った。生徒数が少ない学校ながら、これらの教師陣を抱え、教育内容は充実したものだった。

私たち四年生の二階の教室からは、校庭の松の木の梢を通して海が見えた。のたりのたりと静かな柔らかみを見せて起伏する春の海。透明な青さで眩しく光る夏の海。蒼ざめた海の色が霧でぼやけ、弱々しいうねりを見せていた初秋の海。暗色の凍てつくような海原に轟々と音を立てて鳴る冬の海。私は二階の教室の窓から、日本海の四季の海を眺めたものだった。この島の女学校に転校当初、学校に馴染むまではすべての面できつかった。言葉の違いもさることながら、代数・幾何、英語は、私の学んだ学校よりはるかに水準が高く、ついてゆくのに苦労した。

教頭の園芸教師の実習では、校舎の裏山の平地が実習の場であった。われわれ生徒は裸足になって、鍬を手に野菜を作らされた。肥だめから人糞を汲み取り、その肥桶を担いで、苗床に肥やしをやる作業であったが、なにしろ生まれて初めて経験する作業だけに身にこたえた。私は肥だめの強い臭気に涙を滲ませながら、肩に食い込む肥桶を級友と二人で天秤棒で担ぎ上げ、汚物をこぼさぬよう、懸命に苗床に運ぶのであった。私は運んだ肥桶をそっと地面に降ろすと、恥も外聞もなく思わず「ドッコイショ」と、そのまま地べたにつんのめる形でうつ伏せてしまった。顔は真っ赤に火照っていた。夏の強い太陽のせいばかりではなかった。私はこの醜態を人前にさらすことの屈辱感を味わわねばならなかった。私は自分のぶざまさを想像し、一人苦笑せざるを得なかった。それにひきかえ、クラスの者たちと言ったらどうだろう。臭気も重さもなんのその、裸足で肥桶を担いで事もなげにすたすたと地面を踏んでいるではないか。そのさまは歴とした玄人である。これが花も恥じらう女学生と言えようか。私は彼女らのこのきわめて勇壮活発な姿に、思わず目を見張った。

この学校に転校してきた昭和七年と言えば、日中十五年戦争が勃発してはいたもののまだ戦争の切実さはなく、やがて日本国土が太平洋戦争という坩堝（るつぼ）の中に呻吟し、必死になって自給自足を強いられる生活が待っていようとは、夢にも思っていなかった。当時の私の感覚は、女学生が肥桶を担ぐという行為だけにしぼられ、抵抗していた。

私は力の抜け切った足を地べたに投げ出し、彼女らのたくましい作業を放心したように眺めていた。彼女らは女学校入学当時から、この作業に馴らされていたという。私は自分の未熟さ加減は無理もないと思った。週一回の園芸実習は私にとって苦手なものであったが、その甲斐あって、夏の収穫時、紫色の茄子が葉がくれになり、赤いトマトがたわわに実り、向こうの苗床には、穂先をピーンと張った葱が勢いよく並び、秋にはさつま芋が柔らかい土の中から掘り返された。

クラスで一番体格がよく、一番頭の切れる近郊から通っていた友が、青空の広がる茄子畑の向こうから、

「これお前（めい）たち、この茄子食（く）うて見いちゃ。甘（あも）うて、とってもおいしいがさ」

彼女はボールのような丸い大きな顔を紅潮させ、夏の陽を受けた艶のいい茄子を無造作にもぎ取って丸ごと食べていた。すぐ後ろの山並みを背景に立つ彼女のなんと屈託のない若さだったことか。私たちはその彼女に英語の歌を教わった。新婚家庭を祝った歌と聞いたが、およそ彼女の雰囲気にあわぬ感じで、彼女は一体このハイカラな歌をどこから仕入れて来たのかと、

私たちはいぶかった。後年、私はその英語の歌をうろ覚えに覚えていて、なにか機会があると、馬鹿の一つ覚えで得意になって歌ったものだが、発音が悪く「それで英語の歌か」と笑われた。

彼女は後に結婚したが、夫に浮気されたため、一人息子を連れ家を出、その子息が東大受験のため上京しているという話を聞いたことがあった。彼女の結婚は祝福される結婚ではなかったようである。一見華やかに見えながら、綺麗ごとだけでは済まされぬ結婚という大きな壁の中で、そのころの女たちはともすれば泥沼に引きずり込まれそうな不安定な状況の中で、長い年月、決断のつかぬまま悶え苦しみ生きてきたことは確かなようだった。本当に勇気ある人は温和だと人は言うが、それは悟りを開いた人に当てはまる言葉だと思う。女にとって結婚は勇気のいることに違いなかった。私も多分の勇気を持って結婚はしたものの、凡人の悲しさ、なかなか悟りの境地には至らなかった。苦渋に満ちた結婚生活であった。

女学校は小学校との雑居生活だっただけに、小学校に奉職する多くの先生との交流もあり、大勢の小学生に囲まれた学校生活は活気に満ちていた。中には小学校、女学校の若い先生と、女学生の間に淡い恋もめばえた。

小学校の高等科で男子生徒を担当していたのはSという先生だった。先生は共産党員で赤だというレッテルが張られ、女学生の間でも特殊な目で見られていた。たいへんクールな感じで、共産党員という言葉の語感から受ける雰囲気のせいもあって、どこか未知の魅力が内にあった。

先生の教える高等科の教室は、われわれ四年生の二階の教室との間の階段をはさんだ隣だったため、私たちは授業が終わると用もないのに廊下づたいの高等科の教室の窓辺に、目を移しながら通り過ぎたものだった。先生の授業は一般の教室の授業より長かった。教壇の上の先生は、長髪をすこし額に垂らし、一点を見つめるかのような姿勢で立っていた。浅黒く引き締まった顔に、青年らしい淡白さが見られ、その淡白さの中に、いつも外部から孤立した自己を位置づけているように見えた。そのころの共産党員と言えば過激な口調と行動を連想させたものだが、われわれ生徒から見る先生は、むしろ、内部に豊かな思考を漲らせ、その鋭い感性で物事を洞察するというタイプに見受けられた。私たちはこの先生を見るとき、そぞろ重く切ない胸さわぐ思いにかられ、不思議な熱っぽさを感じたものだった。

のちに私は佐渡金山の町の思い出を『遠い海鳴りの町』という本に纏めたのであるが、ある日まったく思いがけなくその先生から電話が入ったのである。先生はおだやかな口調で、私の書いた本を拝見しましたと言い、「あの当時、島の女学校に転校してこられたあなた方ご姉妹のことはよく知っていました」と述べ、私ども姉妹のことをいろいろと語ってくれたあと、「僕はいま、東京近郊の田舎で、気ままに百姓しているんですよ。僕のことをあんなふうに見ていただいて光栄です。僕はあなたの思うほどの人間じゃァ、ないんです。あなたは僕のことを買いかぶって見ていたに過ぎない……」

語尾に含みをもたせた先生の言葉は、なぜか私の心に深い余韻を残していた。

この小学校にNという温厚な先生がいた。小肥りした先生は黒い艶のいい顔に黒縁の眼鏡を掛け、その奥の瞳はいつも真摯で、なにかを追い求めているようだった。地味な存在の先生であったが、どこか惹かれるものがあった。ときおり私は先生と廊下ですれ違った。私がこの土地に馴染みのない転校生ということもあってか、先生の目に止まっていたらしく、お辞儀をすると先生は優しく会釈をしてくれた。

先生は長く相川小学校の校長を務め、やがてそこを定年退職すると、この町の『相川の歴史』を編纂し、ついで『相小の百年』、『相川高等学校五十年史』の編集に委員長として携わるなど、次々に貴重な本を刊行している。その膨大な資料の収集はたいへんだったと思う。

昭和五十年の夏の鉱山まつりに、私は久しぶりに相川の町を訪れていた。

磯を洗う波のざわめきを聞きながら、私は祭りのおけさ流しの山車について町中を練り歩いていた。昔ながらの金山町の錆びた面影を残した狭い町並みにピョロピョロと囃子が鳴り、浴衣姿に菅笠をつけた若者たちが、日焼けした足に脛毛をのぞかせ山車を曳き、おけさを流して歩いていた。山車の小さな群れが間隔を置きながら哀調を帯びた囃子の音色の中に続いていたが、金山の大縮小などもあってか、私たちが娘時代に見たあの華麗な山車の流れやしぶきが飛び散るような熱気、競いが見られず、なぜかあえかで物淋しく感じたのは、かつての日の私の感傷だったのか。あるいはあのころの夢多い若さから遠のいてしまったせいなのか。そんな思いで山車の群れにいた私は、先生のご自宅の前で浴衣姿の先生の姿が目に入った。先生は秋草を彩った小さな岐阜提灯を下げたお孫さんのかたわらで涼み台に腰かけ、祭りを楽しんでおられた。

素早く私を目にした先生は、

「まァ、ちょっと家へ寄っていかんかっちゃ」と、私を引き止め家に案内してくれた。

家の中は私がかつて住んだ石扣町の家のように、この町独特の奥行きのある薄暗い土間が続いていた。私は玄関先の部屋に通された。卓袱台（ちゃぶだい）の前に座ると島内に嫁いでいるというお嬢さんがすんなりした肩に赤ん坊を背負い、冷えた麦茶をコップに入れて運んでくれた。鉱山まつりを見に実家に来たというお嬢さんは清楚で美しい方だった。私はお嬢さんの運んでくれた冷たい麦茶をいただきながら、先生と昔小学校の校舎に同居して学んだころのなつかしい想い出を語りあった。私はそうしたなかで先生が編纂し、すでに刊行された『相小の百年』と、刊行されて間もない『相川高等学校五十年史』などの本を拝見し、深い敬意を表していた。

「いやァ、これを刊行するまでにはいろいろな経緯を経ての困難があった。心身ともに疲れたっちゃ」

そう言う先生の声になぜか張りが感じられず、心なしか目に涙さえが浮かんで見えた。苦悩に満ちた孤独の影がうかがえた。膨大な編纂の仕事は大勢の人々の協力がなければ成し遂げ得ないものであったにしろ、その地道な作業は、校史編集等の委員長として常に孤独であったに違いない。綿密な仕事を成し遂げたあとの充足感は、ときには重い震動を伴う空虚さにつながるものなのか。いろいろな感慨が先生の脳裏に一瞬去来したのであろう。先生は思索あり気に瞑想し、やがて静かに面を上げた。そこにはさきほどの陰影に満ちた翳りはなく、むしろ、その瞳は驚くほど明るい精彩を放っていた。私は自分に向けられた先生の瞳をいぶかしんで見つめていた。

「のぅ……、記念する一つの行為は、人間だけが営むことのできる美しい行為だと、俺は思っているんだっちゃ」

先生の言葉は私というよりも、むしろ自分自身に言い聞かせているかのような確信に満ちたゆったりとした口調だった。地元・相川を愛し、子女の育成に生命を燃やしつづけた先生の教育者としての情念と、そこに秘められた厳しさが私の心の中をよぎっていた。

私はちょうどそのころ、佐渡金山をテーマにした『遠い海鳴りの町』という本の執筆に取り組んでいたため、いま先生の言われた「記念する一つの行為は、人間だけが営むことのできる美しい行為だ」という言葉を私は私なりに、自分に言い聞かされた言葉として咀嚼していた。私はこの金山の町をテーマにした本を書いていることを先生に話した。

「それはいいことだのぅ。俺とは別の視点でとらえたものだろうから面白いだろう。楽しみにしているっちゃ」

と言い、先生はふと思いついたように、

「のぅ、こんどあんたが書かれるという本は、できるだけこの土地の方言を入れて書いた方がいいちゃ。方言を使って書くということはその町の風土がよう出て、親しみやすぅなるからのう」

私は先生の助言もあって、本の中にはこの島町の方言を随所に使わせてもらった。しかし、先生は私の本の出版を見ることなく、翌年の五十一年正月、長い編纂の仕事の無理がたたってか、風邪がもとであっけなく亡くなってしまった。灼熱の輝きを見せる相川湾の夕映えのように、教育一筋に生きた先生の生涯はまさにこの夕映えの中に激しく燃えつきていったのである。あのときの先生との出逢いが、私には最後となってしまった。

体操の屋外授業が二ツ岩であった。晩春の海が羽二重の柔らかみを見せて光っていた、そんなある日の午後だった。

この二ツ岩は学校の裏山づたいを登ったところにあり、私たちは細く曲がりくねった勾配の多い岩肌を見せた山道を、岩肌に手を当てがいながらよじ登った。そんな冒険に若い心は躍動していた。

頂上に登りつめたところに稲荷堂があった。小さな御堂の前に、赤い華奢な鳥居が幾本も立ち並んでいた。その境内の奥に稲荷堂が鎮座ましましていた。私たちはこぼれ日の白く差し込む木立ちのなかを、はしゃぎながら飛びまわった。山の頂上から、はるか遠くに日本海の青い海が光っているのが見える。海に突き出た春日崎の緑の稜線が、海と空の青さに山襞を明るく染め、すぐ前の相川湾にゆったりとした情緒を添えていた。私たちはこの時間帯が体操の時間であることを忘れたかのように、すがすがしい自然を堪能していた。

「ピーッ」

例のスピッツのニックネームを持つ先生の吹き鳴らす笛の音が、岩影の向こうから聞こえて来た。屋外授業の終わった知らせである。

「アラッ、もうこんな時間……」

「のぅ、次の時間は何だったっけ」

「ほら、幾何よ。幾何の時間だがのぅ」

「埒ゃかんちゃ、聞いただけでも頭が痛くなるっちゃ」

「いっそのこと、みんなでサボっちゃうか」

教室から解放された生徒たちは、好き勝手なことを言いながらようやく下山を始めた。二ツ岩の急な斜面を下り、広い校庭に出た私たちは、教室に入るべく二階の階段を上り、なにげなく教室の方に目を見やった。そこにはすでにヨジミチンキのあだ名を持つ新任教師が誰もいない教壇の上に、ムッとした表情で突っ立っているではないか。私たちは教室の下手に当たるガラス戸をそっと開け、身体をかがめながら自分の席についた。もはや、先ほどの気炎は誰にもない。私たちは次に待っていた幾何の授業を十五分近くも遅れてしまったのである。

こうした事態になることは予測していたものの、集団心理も手伝って、なんとかなるんじゃないか、というくらいに私たちは大らかに構えていた。

「次の時間が、何の時間であることくらいは、君たちは知っていただろう！」

日頃温厚な先生は、教師の権威を踏みにじった生徒を前に、厳しい口調で叱責した。

「……」

みんな神妙に押し黙る。

「だいたい、先生を馬鹿にしている！」

「遅れてしまって申し訳ありません」

級長のAさんが、このとき初めて椅子から立ち上がって、うつむいたまま答えた。みんなも神妙に下を向いたままである。

「申し訳ないですむ問題じゃない！」

「ハイ、つい……」

「つい、どうしたというんだ！」

「つい……、道草してしまったんです」

気の毒に級長は一人で代弁している。

級長ともなると、クラスの責任を一手に引き受けねばならず、その任務はたいへんなものだと私は同情した。このAさんは、今日、家に帰るなり、二百三高地の髷を結った下級生の裁縫を教えているいささか気むずかしい母親に、強いお小言を頂戴するんじゃないかと、私は一人はらはらした。

その矢先、私たちの頭上に先生の罵声が飛ぶ。

「いいか！　君たちの授業を無視した行為は許せん！」

先生の威圧した声に、私は思わず現実に引き戻された。

先生はやにわに教科書をせわしくめくるなり、四列横隊に並んだ生徒の机の隅の席から順番に幾何の問題を示し「わからないものは立っていろ！」と厳命した。生徒はゴボウ抜きに次々と立たされた。私もそのなかの一人であることはいうまでもない。

このパニック状態は終業のベルが鳴るまで続いたため、最初のうちは緊張していた生徒たちも、二ツ岩に登った疲労で、先生に悪いと知りながらも、立たされたまま居眠りをする者も出る始末で、真摯な先生の心証をますます損ねてしまった。

満たされた若さの中で、私たちは邪気のない過ちをよくしたものだった。

私は夏休みを利用して、クラスで一番ちびっ娘で一番陽気な友と、その友の兄で金山に勤めているという頑強な体をした青年（彼は三十歳くらいで、結婚して子供もいたという）と、それにクラスの友人たちを混じえて、佐渡で一番高い金北山（きんぽくさん）（海抜千百七十一・九メートル）に誘われるままに登ることにした。これまで山登りなどしたことのない私は、たいしたことはないだろうと軽く考えていた。

一行は早朝、相川を出発した。金山の正門をまっすぐ奥に進んでゆくと裏山があった。その裏山から道遊の割戸に出て、そこから金北山に登っていったように記憶しているが、その記憶はいまとなってはおぼろげである。途中、灌木の繁みをくぐり、遠く小鳥のさえずりを聞きながら登る。汗ばんだ身体に涼風が吹き込んで心地よい。私たちは青野峠を経て、乙和池で休んだ。樹々に囲まれた池は昼なお暗く、深閑としていた。池の面は、深くよどんだ妖しいほどの青さがたたえられていた。

この池には、昔、おとわという美しい娘がいて、この娘が池の主に愛され、その池の主のところに嫁入りするために入水したという伝説が残されているが、それゆえにこの池は乙和池と名付けられたという。私たちはここで休んだあと、妙見山に向かって登りはじめた。途中、広い青々とした牧場に出た。ここには幾頭とも知れぬ、毛並みの美しい馬が放し飼いにされていた。そこを通り越すと、峠の一本道に牛の群れを見た。私たちはその牛の群れの前を通らねばならなかった。リーダー格の青年は「落ち着いて……落ち着いて……知らん顔して通ればいいんだ」と、みんなを促す。そういう間も牛がモウーモウーと啼く。私たちは手に汗しながら、身体を硬直させ、素早く牛の前を通った。神に祈りたい気持ちだった。

一難去り、また一難がやって来た。こんどは後方で馬の蹄の音がした。振り返ると幾頭かの馬がこちらに向かって奔走して来た。先ほど牧場に放牧されていた馬である。血が逆流する思いだった。私はとっさに岩影に身を隠した。鼓動が波打つ。私はこのまま非情な死を遂げるのではないかと、一瞬父母の顔が目に浮かび、とんだところに来てしまったと後悔した。私は岩影に隠れながら一生懸命神に無事を祈った。せっぱつまった神への願いが叶えられてか、馬は私たちの前をけたたましい土ぼこりを上げて駆け去った。私たちは呆然と立ちすくんだ。あとで聞いたことだが、友人たちも岩影に隠れたり、峠道の斜面にそのままうつ伏す者もいたということだ。リーダー格の青年の話によると、馬は近くの谷間に水を飲みに降りていったという。なるほどそう言われて見れば、峠の下の方角に渓谷の流れがさやさやと聞こえていた。それにしても、眼の前を疾風のように蹄を鳴らして駆けていった馬が恐ろしかった。つきつめた心に急に疲労が出た。私は疲れた足を引きずりながら、みんなについて、ようやく妙見山の御堂にたどりついた。たしかそこに小さな御堂があったように思ったが、その記憶はいまはさだかでない。そこには白雲の流れを下にした佐渡の連峰が展望できた。遠く日本海の深い色が眠ったように静まり返り、水平線の彼方は細かい霧がかかったようにぼやけて見えた。それはまったく雄大な景色だった。

一行はここでしばらく休むと、金北山に挑戦するといって出かけていった。私にはもうその勇気はない。それに私はこの景色を見るだけで充分であった。私は彼らが金北山に登って帰るのを、妙見山の御堂で待っていたような気がする。どのくらいの時間が経過していったのか私はわからない。そして、帰路の峠道をどのように歩いて帰ったのかさえ、さだかでない。乙和池を下って青野峠にさしかかったころ、私の疲労は極度に達し、もう足が一歩も前に出ない。

リーダー格の青年が見兼ねて、私をおぶってくれた。私はこの青年に背負われながら、途中、休み休み、とうとう家までおぶさって来てしまった。のちになって、女学校を卒業した年の秋、私は佐渡金山に入社してやがて工作課に配属されたが、その同じ工作課の職場に仕上工としてこの青年が働いていることを知ったとき、私はどうにも恰好のつかない恥ずかしさを味わった。

あれやこれやの思い出を残しながら、一年間の学窓生活は瞬く間に過ぎ、早春の肌寒い朝、私たちは学舎を去ることになった。クラスの生徒は、裁判所や金山に勤める家の子女を始め、宮司や教師、旧家の娘たち、それに商家の子女や近郊の裕福な農家の娘たちだった。バスケットの選手をしていた体格のいい頭のきれる友は、遠く外海府（そとかいふ）の村から出て来て、相川に下宿しながら四年間、女学校に通っていたという。彼女は卒業後間もなく肺を患い、亡くなった。

卒業式の式場は小学校の屋内運動場だった。この式典で父が保護者代表で挨拶した。私はそのことを父から聞かされていなかったため、あわてた。演壇で父が何を話したのか、私は興奮していて覚えていない。この卒業式で私は校長の前に出て品行方正の賞状をもらった。裁縫の裁板（たちばん）もそのとき一緒にもらった。私が晴れがましい席で賞状をもらったのは、後にも先にも、これが一回限りだった。鈍な娘を持った父が、私のことで肩身の狭い思いをしてはいまいかと、これまでも意識の中に常にあった。せめて学校生活の最後を飾る日に、賞状くらいはもらっておかねばと、けなげにも殊勝な気持ちで頑張ったつもりだった。言わば私の勉強らしい勉強は、父のためにあったようなものだった。私はそのことを、父にはついに言わずじまいだった。

式典後、私たち生徒は二階の校舎の二十畳もあろうかと思われる畳の敷かれた作法室に集まり、佐渡おけさを踊り、相川音頭を踊り、木曾のナカノリさんなども踊った。唄い踊り語り明かすうちに、早春の陽はかげり、広い作法室の窓ガラスに、夕陽のこぼれ日がかすかに映り、はるか向こうに淡い黄金色の海がざわめいていた。センチメンタルな思いに耽った。

夕暮れの町の灯が、海風に煽られるように揺れていた。私の胸の中に学窓生活から解放された自由と未来への強い憧れのようなものが湧き、その漠然とした憧れは、私の青い細胞を生き生きと貫いていった。

# 第二章

## 無宿者と遊女たち

私が佐渡金山にたいへん興味を覚えるようになったのは、女学校を卒業して間もなく、この佐渡金山に入社してからのことだった。

そのころ山の現場の電気課に勤めていた私は、採鉱の山麓にあった変電所に用があって出かけた。暑いさなか、構内の山あいを流れる渓流の音を聞きながら、私は一人、山道にそった細い道を四十分近くもかけてようやく変電所にたどりついたのだが、そのとき目に映った山の光景は、いまも深い印象を残して浮かんでくる。

先人たちが巨大な山を切り開いた道遊の割戸の山ふところにたたずんだとき、私は歴史の意味もわからぬままに、なぜか重くのしかかってくるいいしれぬ感慨が走った。山あいの道のむこう側に朽ち果てた坑員長屋の廃屋が映った。この坑員長屋と相対した山道のこちら側の笹やぶのかたわらにひっそりと建った水替作業員たちの霊を祭った黒々とした大きな墓石があった。少し歩いた山道の行く手にポツンと建っていた、これも朽ち果てた峠の一軒茶屋の残骸を見た。

私はこれらのさまを眼の前にしたとき、佐渡金山の歴史の底辺に生きた人々の悲哀が見えてきたような気がし、この金山の歴史の流れを知りたいと思う気持ちが、心のどこかによぎっていた。青春期の七年間をこの金山に勤めたせいか、そのころのそうした思いが、佐渡金山の歴史への関心を深めていったようである。

佐渡を去って三十七年を経た昭和五十二年、私はかねてから思考していた佐渡金山をテーマにした『遠い海鳴りの町』を完成させた。私はこの作品の中に、佐渡金山の歴史を膨大な資料を参考にし、選(よ)りすぐって書くことができたのであった。

しばらく佐渡金山の歴史をひもといてみよう。

相川の町には、徳川三百年近くにわたって佐渡金山の統治にあたった幕府直轄の佐渡奉行所があった。

当時、この町には奉行所の武士たちとその家来や家族たちが住んでいた。それと佐渡金山の事実上の経営者でもあった山師たちの勢力があった。金山の隆盛にともなって、他国から商人の群れが集まり、坊さんや果ては乞食までが金山の町をめがけて渡ってくるという、混沌とした動きがあった。

こうした中で山師たちの勢力は強大だった。彼らは経営だけでなく、山の専門技術を身につけた技術者たちでもあった。彼らの所有する屋敷や地割は広く、彼らは親類・縁者・手代などを自分の周辺に住まわせるという権力者でもあった。

この山師たちの名前を取り入れた町名は多く、いまでもそのまま継承されている。例えば、弥十郎町・新五郎町・庄右衛門町・門兵衛坂など。また、商人たちが売った品物をそのままなぞった町名も残されている。米屋町・味噌屋町・塩屋町・八百屋町・紙屋町などである。

当時は島内の材木の伐採が禁じられていたため、他国からこれらの品々を仕入れた問屋町は、柴町・板町・炭屋町・材木町などと名付けられ、手に職を持った人たちの住んだ町には、大工町・鍛冶町・海士町・四十物町などとなり、私の住んだ石扣町もその一つであった。

佐渡金山の繁栄の影には忘れてならぬ人たちがいた。大工といわれた坑員たち、穿子と呼ばれた坑内の現業員、水替と呼ばれた水汲作業員たちだ。紅灯に身を沈めた遊女の群れや、優雅な物腰と言葉遣いの京商人も住んでいた。当時十軒足らずしかなかった相川町（当時の羽田村）には金山のもっとも栄えた慶長・寛永の頃には十万、二十万という膨大な数の他国者が流れ込んできた。彼らの中で、もっとも悲惨だったのが水汲作業員、つまり無宿水替作業員たちであった。彼らの多くは江戸で犯罪を犯した者たちだった。中には一定の宿を持たないということだけで、徳川幕府に捕えられ、犯罪を犯した者たちと一緒に遠く海を渡って、鶤鶏駕籠に入れられて佐渡金銀山に送り込まれ、水替作業員として酷使されたのであった。

なぜ、このような無宿者たちが当時多かったかといえば、江戸を中心に明和九年から天災、地変が全国各地に長年にわたって続いたため、疫病が蔓延し、そのうえ関東・東海・九州では大風水害に見舞われた。幕府はこの相つぐ天災で年号を「安永」と改元したほどだったが、災害はいっこうに収まることなく、全国にまたしても疫病が出た。佐渡にも地震の降灰などがあり、天災はとどまるところを知らなかった。

この不安な情勢下において、全国から飢饉、疫病などで仕事を失った者たちが、続々と江戸に入り込んで来た。もちろん泊まる宿も職も持たない彼らが歩む道といえば、悪事しかなかった。そのころの江戸は火付盗賊などが頻繁で、無宿者たちのはきだめの場として、悪の温床地帯となっていたのである。幕府は江戸の治安を維持するためにこれらの無宿者たちを、当時隆盛をきわめていた佐渡金銀山の坑内の水替作業員として使うことにしたのである。鶤鶏駕籠に入れられて相川に着いた彼らは、水替作業員小屋に着くやいなや、小屋の親方にぎらぎら光る大鉈(なた)を振り上げられ、「エーイ」と気合もろとも、髷のてっぺんを切り割られたという。いかに暴れ者でも、頭の真上を鉈でやられる暴挙にまっ青になったという。奉行所では、彼らが町に出て悪事を働いては困るということで、金山(やま)の麓に矢来を組んだ小屋を立てて住まわせ、監禁しながら坑内で働かせたという。

小屋場で十日ほど休みを許された彼らは、その後、水替作業員として坑内にもぐりこまされるのだが、彼らは岩掘りの跡の大きな空洞へ一本の木をかけ渡し、その上に立って、高さ二十五尺ほどもあるところから水桶を垂らし、一回に五升の水を汲み上げるのである。一分間に二斗の水を汲み上げる勘定となる重労働であった。この仕事を少しでも手加減すると、それ以上の労働が課せられた。そうしたなかで悪事をした者は、二尺八寸四方の箱の中に数日間入れられ、叩かれ、そのうえ追込み水替をさせられた。追込み水替というのは、これら罪を犯した者たちを、特別に数日間ぶっつづけで水の汲み上げ作業に酷使することである。この激務に耐え切れなくなった彼らの中には、山を下り、船で逃亡する者も出た。しかし、うまく逃げ切った者は少なく、その多くは捕えられ、牢に入れられて死亡した。あるいは死罪になって消えていった。

水替作業員たちは、年に一度だけ外出を許された。外出の日、彼らはまず水替で死んでいった先人たちの墓に香や花を供えさせられ、そのあとで海辺にゆき、一年の垢を落として身の安全を祈って帰されたという。たとえ過去において悪事をはたらいたとはいえ、彼らはいったいどんな気持ちで、茫々とした海辺に立って潮騒の音を聞いたことであろう。

悲惨だったのは、水替作業員だけではなかった。〝金穿大工〟といって、大工といわれた坑内工員や、穿子(ほりこ)たちも同じだった(この町では普通の大工を番匠、または家大工といった)。彼らは地底の坑道で松ヤニや魚の油を焚いて、明りをとり、石ぼこりを上げながら鉱石を砕き、砕いた鉱石をかますに入れて運んだ。彼らはこれらの灯油の煤(すす)を吸い、石ぼこりを吸いながらの仕事だったせいで、その生命は五年と持たなかったという。彼らは〝ヨロケ〟(珪肺)といって肺を侵され、どす黒い血を吐いて死んでいった。

一ヶ月に三日の休みを許された彼らは、遊廓に、酒にと浸り、その短く果てねばならぬ宿命を町民に八ツ当りして挑みかかった。彼らは幕府の治安維持のために、この佐渡金山に送り込まれてきたのであるが、幕府の意向はそればかりでなく、彼ら無宿者を酷使することによって、佐渡金銀山の採掘をより敏速に、より能率的に行い、もっぱら幕府の資金源の増大を計ったのである。

金山史上空前の繁盛期といわれた元和のころ、この金山では小判の製造がさかんに始められていた。この金山(やま)は世界でも三つの指に入るほどの大銀山だったといわれている。そのころ、このせまい相川に金塊を掘るために他国者が流れ込んで来たのは当然であったが、慶長・元和・寛永のころには二十万人もの人々が集まったという。徳川幕府は山稼ぎの男たちの遊ぶ遊廓が必要であるとして、遊廓の税金や揚代などを安くする政策を取った。そのため、このせまい相川に遊廓が三十軒もでき、しかも一軒に三、四十人の遊女たちがひしめきあい、遊女の数は千二百人余りにも達したという。この自然の節度を超えた現象は、壮観というより悲壮といった方がふさわしいだろう。

幕府は正徳五年に、ひしめくようにあった遊廓を一ヶ所にまとめて移した。そこが水金(みずかね)という遊廓町であった。

私はかつてこの遊廓町で、荒くれた男たちに侍(はべ)った遊女たちに思いを馳せていた。その思いは、悲しみというよりは、むしろ金山の町になかば捨てばちに生きた山稼ぎの男たちと同じような宿命を持ち、苦境に身を沈めた遊女たちの不思議な葛藤の果ての連帯感のようなものが絡みあい、その心理的な結合が一夜のちぎりによって、彼らの葛藤の重みをたがいに消散させていったのではなかろうかという、安堵にも似た気持ちだった。そう思うことによって、私は救われたかった。

そもそも相川遊女のはじまりは、織田信長の息女の松君姫であったという説がある。彼女は〝本能寺の変〟で父の信長が、家臣の明智光秀に襲われ自刃すると、侍臣侍女を連れて逃れ、熊野に入り、比丘尼（びくに）となって清音尼と名を変え諸国をさすらったのちに、天正十七年、佐渡へ渡ってきた。彼女は金銀山の発見された慶長六年、相川に移ってきた。尼僧になった彼女を慕って、あちこちから女たちが集まり、いつしかその数は三十七人にもなった。一時は彼女たち尼僧の住んでいた町を比丘尼町とも呼んだ。しかし、多くの尼僧たちはやがて暮らしに困り、最初のころは習い覚えた琴や笛などを奏でては寄付を仰いでいたが、それにも窮すると遊女に身をやつして媚を売ったという。清音尼もその一人だったようである。

彼女が熊野から持参したといわれる仏画が、いまもこの町の遊廓に保存されているという。彼女の墓は、上相川に当時のままの姿で建てられているが、墓石は朽ち果て、彼女の戒名もいまは読むすべもない。遊女に身をやつさねばならなかった織田信長の息女の末路は、人々の胸に哀れさを誘った。

佐渡金銀山の歴史の底辺にあるものは、あまりにも凄惨でおぞましく、悲しみのきわみといってよかった。

昭和初期、私が住んでいた頃の水金という遊廓は、水金川という円形の石橋を渡った町はずれの渓流ぞいにあった。私はときおりこのあたりを歩いたことがあった。赤い大提灯を軒に吊した遊女屋が、山を背景に静かなたたずまいを見せて建っていたが、いかにも素朴でそれでいて艶めいた情緒が漂っていたことを覚えている。

## 佐渡金銀山の発見と徳川家康

佐渡で最初に金が発見されたのは、西三川の砂金だったといわれている。

佐渡の金の発見については、古い記録の中に『今昔物語』（著作年代は平安朝末期）や『宇治拾遺物語』（鎌倉初期とされている）があって、この二つの物語の中に、能登の国の鉄掘り(くろがねほり)が、小舟一つと食糧少々を持って佐渡へ渡り、一ヶ月ばかりして金千両を採ってくる話が詳しく載せられている。永享六（一四三四）年、時の将軍、足利義教(あしかがよしのり)によって、佐渡へ流された世阿弥(ぜあみ)観世元清(かんぜもときよ)が在島中にまとめたといわれる『金島集』の中の北山という小謡の中にも、やはりこの佐渡の金の由縁が述べられている。中世においてこのように佐渡の金が扱われているのは、おそらく西三川の砂金を指しているのではないかといわれている。

佐渡金銀山が発見される以前に、西三川の砂金についで発見されたのが鶴子(つるし)銀山であった。

この銀山は、相川に隣接した真野湾をのぞむ沢根にあった。この銀山は地理的にも佐渡金山（当時は相川山）に近接していた。

佐渡金山が鶴子銀山の山師たちによって発見されたのは、一応、慶長六（一六〇一）年とされているが、実際は慶長五年以前ともいわれている。佐渡金銀山の発見（道遊の割戸）が慶長六年とされているのは、ちょうどその時期に佐渡が徳川幕府の手に帰し、家康の佐渡金山に賭ける執念が大きかったため、佐渡金山の発見を慶長六年にしたのではないかといわれている。その後、家康による大規模な開発政策がなされ、徳川三百年にわたる佐渡金山の隆盛が築き上げられていったのである。

家康は秀吉の死の翌年の慶長四（一五九九）年、貿易と金銀の採掘に重きをおいた政策を切(キリ)支(シ)丹(タン)にかけ、もっぱら切支丹を利用した。彼らを通して海外から造船技師・航海技師・鉱山技師を佐渡に派遣するよう命令した。これまで日本では銀の生産は多かったが、製錬法に詳しくなかったため、銀の半分は無駄にせざるを得なかった。家康はメキシコに銀の製錬法にかけて卓越した技術を持っている鉱山技師の多いことを知ると、早速、フィリピン総督を通して、熟練した鉱員五十人を遣わしてほしいと要請している。家康はこのように切支丹を通して金山の政策に力を入れてきたが、信仰と切り離した通商だけが目的だった。

家康が切支丹を知ったのは、一介の能楽師だった大久保石見守長安(おおくぼいわみのかみながやす)との出逢いであった。

## 家康と大久保石見守長安

佐渡は、謡や能楽が古くからさかんな地であった。わが国の能楽の始祖・観世元清（世阿弥）が佐渡に流罪にされてきた影響や、当時佐渡金銀山の開発の糸口を開いた無双の利発者といわれた奉行・大久保長安の父が猿楽師で、しかも長安自身も一能楽者であったことから、慶長のころ、彼は能役者を招いてこの地方に能楽を普及させていった。

長安が初めて家康に謁見したのは、武田信玄が亡びて、天正十年に家康が甲州に入国したときだった。家康は長安の才気を高く評価し、彼を小田原城主の大久保相模守忠隣（ただちか）に預けた。そこで彼は大久保の姓を許されてその幕下に仕えたが、そのとき長安は三十八歳の男盛りだった。長安は、その後に徳川の手に帰した。幕府直轄の石見銀山奉行、佐渡金山奉行、伊豆金山奉行なども家康によってまかせられた。これらの金銀山の産額は、彼の支配下で著しく伸びた。長安は慶長五年、従五位下石見守に任ぜられ、その後、武州八王子滝山に八千石の知行を受けた。彼は家康の信頼を得て、徳川幕府の執政にたずさわる異色の人物となった。

長安が実際に佐渡に赴いたのは、慶長九年であった。しかし、佐渡に赴いてからの長安は、すべての面で傲慢をきわめたようで、彼は代官所に参ずるとき、家来のほかに美女二十人、猿楽師三十人を供に召し連れて猿楽を打ちはやし、美女たちを踊らせたという。また彼は当時鶴（つる）子（し）にあった代官陣屋を相川に移したときも、彼が召しかかえた棟梁に、奉行所内に数寄屋（お茶室）を作らせ、女たちの部屋も作らせた。またその裏手に涼屋を造らせるなど、こまごまと指図したという。

その長安がこともあろうに、慶長の中期、切支丹の信徒の最も多かった時期に切支丹と内通して、家康を殺して幕府を倒し、松平忠輝（家康の子、越後高田領主四十五万石）を将軍とし、長安自らが関白になるという謀叛を計画したと伝えられている。

これより先に、信州の松本城主、石川玄蕃頭三長が、長安と組んで下々の者に渡す米や銭などを隠匿したことが発覚しているが、家康はそれを知りながらも、長安が中風を患っていた慶長十七年七月、見舞いとして烏犀円を長安に送っているのである。長安は翌慶長十八年四月に、駿河の国で病死した。その時の長安は六十九歳といわれているが、当代記には六十五歳とも伝えられている。

遺族は長安の遺言によって、遺体を金棺に納め、故郷の甲州で国じゅうの僧侶を集めて、盛大な葬儀を営もうとしたが、家康はこれを強く差し止めさせた。かねがね自分を殺し、幕府を倒す謀叛を知っていた家康は、長安が代官所の勘定を滞納していたことで、それを即刻納めるように遺族の者に厳命した。遺族の者たちは「この佐渡領は、家康から拝領したものと思っていた」という旨の返答をしたため、家康は怒り、長安のこれまでの所領はもちろんのこと、横領した金銀等の財産一切を没収したのである。家康はなおも長安の遺児たち七人をも、刑に処したのである。

一介の能楽師から身を興した大久保石見守長安は、佐渡金山の支配者のみにとどまらず、石見、伊豆などの鉱山をも直接支配した有能な人物であった。しかし、傲慢なおごりの果てに待っていたものは、あまりにも苛酷な終末であった。しかし鉱山開発に関してはゆるがせない事実として、いまもなお、長安の業績は高く評価されている。

## 切支丹と金山の関係

家康は大久保長安との出会いによって切支丹を知り、宣教師を通して貿易や金銀の採掘に重きをおいた政策をとった。これはあくまでも信仰を切り離した通商だけを目的にしたものだった。

家康は秀吉の死後、海外に向けて金開発に積極的な情熱を傾けて成果を挙げていったが、その後十年にわたって布教に対する態度を明らかにしなかったため、逆に伝道興隆期ともいう状態が続いていったのであった。信徒の数は五十万とも七十万ともいわれている。

切支丹の中には宣教師たちも多く、布教の他に、教育・慈善救済も行ったが、一方においては、器具・機械類の輸入がなされ、天文・気象・地理・数学などにも精通していたため、日本の知識階級の人々におおいに受け入れられ、学者や医者などの入信も多かった。航海術や造船、金山採掘なども、宣教師や信徒たちが指導した。金山に切支丹の信徒が多かった理由は、こうしたことにもかかわっていた。

江戸時代の初期、切支丹の信徒は九州・畿内地方の鉱山にもっとも多かった。この時期、佐渡の金山にも西欧から宣教師がしばしば訪れて布教に励んだため、おびただしい信徒たちがこの金山で働いていたという。寛永十四（一六三七）年に島原の乱が起きると、切支丹の弾圧が一層きびしくなった。それによって、金山は信徒たちの隠れ場所になっていったのである。この状況にあってもなお、宣教師たちは、新しい信徒を作るためと隠れしのんでいる信徒たちを慰問するため、幕府の目を逃れながら坑員に扮装するなどして、困難に耐えながら、東北地方の金山、秋田仙北、奥州南部地方の金山に出向いた者も多かった。しかしこうした中で幕府の弾圧はいよいよ厳しく、ついに鎖国を行うようになったのである。佐渡金山では百二十人余りの信徒たちが、相川の東方にあたる中山峠で死刑に処せられていったのである。その遺跡がキリシタン塚と呼ばれ、県道から外れた中山街道の小高い丘に建てられている。大きな十字架を囲んで小さな十字架が並んで立つこの遺跡に、かつて罪なき信徒たちが幕府のいけにえになっていったことを想うと、そぞろ胸痛む思いがする。

## 明治維新後の佐渡金山

開坑以来二百六十余年も続いた徳川幕府直轄の佐渡金山も、維新後の明治二年、政府の直営となり「鉱山司支庁」が設立された。

幕府から政府に移された当時の金山は、これまでの技術では継続してゆけないところまで追いつめられ、廃絶に近い状態だった。当時の幕府はこの事態を重視して、崩壊間近の慶応三年、英人技師ガワーを佐渡に差し向けたが、在島三ヶ月で幕府は崩壊してしまい、彼はあえなく奉行所の役人らと共に佐渡を引き揚げた。しかし彼はその後再び鉱山司により、佐渡金山を検討するよう命ぜられ、明治政府の御雇となり、視察に来たまま駐在した。佐渡金山勤務の外国人はそのほかに六人もいたという。

この外国人たちが相川に居住することになったため、佐渡県は町民に対し無礼のないよう触書を出しているが、それほど外国人技師らに対し神経を使った。外国人技師たちによって、鉱山機械はサンフランシスコから購入され、洋式製錬法の基礎も確立されて新しい精鉱所もでき、廃絶に近かった金山も再び息を吹き返してきたのであった。

しかしこのように洋式技術によって機械化された金山に、失業者がでたのは当然だった。当時職を失った者は二千人といわれた。彼らの中には不平のあまり外国人技師らを狙撃しようとする動きもあり、暴動の起きる形勢は必至だった。こうしたことを憂慮した佐渡県の申請によって、警備のために新発田（しばた）の連隊から兵二小隊が二回にわたって出動したほどである。この失業対策に相川県（佐渡県は明治四年に相川県に改称）では授産場を開設し、そこに機織場・傘製造場・皮細工場・紙漉場・牧畜・搾乳場・陶器製造場などが設置され運営されていった。しかし、外国人技師らによってなされた洋式製錬設備の成績がかんばしくなく、明治六年に再び旧式の製錬法が取り入れられていったため、これらの失業者たちは再び雇用されたので、一時的ながらもこの問題は落ち着いた。
外国人技師らの指導下で、その後熔鉱炉が新設されたり、これまでの精錬用の木炭を廃してコークスに替えたり、また英人技師ガワーらは火薬を使っての採鉱を伝え、ドイツ人の開坑師の力で坑道開鑿に捲揚機械が使用されたり、爆薬の使用とともに岩石を開鑿する鑿岩機なども英人技師らの指導のもとで使用された。これまで坑内の排水に悩まされてきた金山に、原動機を据えたポンプが使用された。各種の洋式ポンプが使用されたのは、明治二十年代に入ってからといわれている。

## 御料局民間へ払下げ

明治十九年一月、大蔵（いまの財務）大臣松方正義は、これまでの紙幣を銀貨に交換するため、佐渡・生野・三池の三鉱山局を銀貨鋳造の原料を作り出す供給源として、大蔵省の所轄にした。やがて明治二十二年四月、三鉱山は内閣総理大臣黒田清隆によって、帝室財産に編入されて宮内省（いまの宮内庁）に属した。佐渡金山はこれを機にこれまでの「鉱山支庁」から「御料局佐渡支庁」と改称された。

佐渡金山が宮内省に移されたのは、同省が高率な利潤を得るのが目的だったようにいわれているが、七年後の明治二十九年四月、鉱山のようにその盛衰の激しいものは、御料財産にするのにふさわしくないとして、宮内省は佐渡・生野・大阪製錬所などを一括買入できる永久経営の資力のあるものに買い請けてもらいたいという意向を示したが、結局同年の官報で一般競争入札によって払い下げることを告示した。入札保証金は十五万円で、入札日は九月十五日だった。当時の新聞は、これに参加するであろうと思われる有力鉱業家の顔ぶれをあげ、予想価格を報じたりして世の好奇心をあおったが、あにはからんや、当日入札に加わった者は、三菱合資会社の岩崎久弥(いわさきひさや)と、この入札に参加するために結成された東京・大阪の実業団体の代表の二名だけだった。入札の結果、三菱合資会社の岩崎久弥に百七十三万円で払い下げられた。当局の予定価格百五十万円をはるかに上回ったもので、世を驚かせたという。

地元相川では、御料鉱山の払下げが伝えられると、こぞってこれに反対し、払下げ阻止運動を展開したが、すでに省議も決定し、裁可されてしまったため、その運動は徒労に終わってしまった。しかし地元民に対する御下賜金が決定され、相川町に対して特に七万円の御下賜の沙汰があったため、町民は甚(いた)く感激したという。相川町ではその告示のあった七月十五日を永く記念して「恩賜金記念式の歌」を作り、その日を祝祭の日と決めたのである。

こうして慶長六年の開坑以来、徳川幕府・明治政府・宮内省御料局へと、二百九十五年の間延々と引き継がれてきた佐渡金山は、明治二十九年、三菱合資会社に払い下げられていったのである。

ちなみに、慶長六年の開坑以来、昭和四十年まで延々四百年にも及ぶこれまでの佐渡金山の総生産量をたどってみると、

金　七拾四屯四百参拾参瓩
銀　弐千三百十一屯二百五拾瓩
銅　五千六百九拾八屯

今日の時価に換算すれば、実に八百八十億円以上になるという。

これは『佐渡金銀山史話』の著者で、三菱に勤めた麓三郎氏らの手により、慶長の開坑以来、昭和二十六年までの生産額の記録がすでにその本の中に抄録されていたが、そのあとを引き継いで当時佐渡鉱山長をしていた川崎正一氏と副鉱山長の大坪忠一氏が、昭和四十年三月までの生産額を調べ、前の記録と合算したものである。

この調査を依頼した人は、地元相川で「ホテル金山」を経営していた故・今井仙太郎氏であった。彼は相川に生まれ、若くして佐渡金山に勤め、その後転々として他鉱山や精錬所などをまわり、終戦のとき再び佐渡金山に復職した人である。

彼の記した『佐渡金銀山』のパンフレット（昭和五十二年四月十七日）によると、終戦時、佐渡金山に復職した彼は濁川（にごりがわ）の川底にこれまで放棄されていた鉱滓の中から鉄分を取り除いて純硅砂を集め、それを硝子原料として販売したが、その数量は十一万千五百屯で、当時の金額にして二億八千万円にも上るものだった。

この膨大な価値ある金銀が、大佐渡山脈の金北山系の道遊山の地下より掘り出されたことは、この偉大な道遊山が相川町のシンボルであったことを実感するのである。

## 言葉と方言

私がこの町に来てまず戸惑ったのは方言であった。女学校に転入して来たその日、級友に「これ、お前のぅ」と、話しかけられた。初対面の自分をお前と呼ばれ、私はしどろもどろだった。この町では親しい者はみな「お前」と呼び合うことがわかった。銭湯にゆくと子供たちが母親に向かって「うめ」といって呼ぶ。しかもどの子供も一様に母親のことを「うめ」と呼んでいる。おかしいと思ったら「うめ」は母親の呼称であり、「だんちゃん」は父親の呼称であることを知った。

相川の方言は、遠く慶長年間、金山の全盛期に京都から小間物や絹布などを売りに渡ってきた京商人の言葉の影響があると、私は当時町の人々から聞いた。

「埒があかぬ」を「らちゃかんちゃ」と人々はもじった。「来いちゃ」「嫌ちゃ」と言葉の尻に「ちゃ」がついた。「あのね」を「あののぅー」と言った。

私は一見がさつで高姿勢とさえ思えた相川の言葉の響きが、馴れるに従い京商人の息遣いが聞こえて来るようで、この方言が情感のこもったノーブルな響きを伴っていることも知った。

佐渡出身の文芸評論家の青野季吉氏の著『佐渡』の中に、佐渡には「相川言葉」「国中言葉」「小木言葉」というものがあり、「相川言葉」はなんとなくきつく、早く、高調子で、「国中言葉」はかなり土臭をおびているが、おおらかで思わぬ端々に古い都言葉が織り交じっている。「小木言葉」は長く尾を引いたような媚態があって、リズムも細く耳触りがよいと記されている。

この地方の言葉や方言は、それぞれの地域の環境に応じて使い分けられているところに、佐渡の歴史の特殊性が見られて興味深い。

特異な体質をもって生きた金山の町・相川。膨大な数の他国者が渡って来た町に、苦悩が、愛憎が、悲哀が混沌と生きつづいていたに違いない。

奉行所のあった相川には武士的文化の匂いと、一般民衆の持つこもごもの情感が育まれ、相川の言葉を形づくっていったように私には思えてならない。

# 第三章

## 佐渡金山入社

昭和八年に女学校を卒業した年の秋ころだったと思う。佐渡金山の人事部から女学校の教頭のもとに、女子事務員の斡旋依頼があったということで、クラスから三人が選ばれた。私もその中の一人だった。教頭は「試験はほとんどないだろう。あったにしても簡単な口頭試問と算盤の加減算くらいのものだ」と言った。私は馴れない算盤の練習を少しやっただけだった。

試験場は上町にある金山の職員クラブの二階で行われた。私たちは二、三十畳もあろうかと思われる重厚な感じのする日本間で、いかめしい顔をしたおおぜいの試験官の前に座らされた。私たちは最初からその雰囲気に圧倒されていた。これは簡単なことではすまないと私は緊張した。あにはからんや、数学・地理・国語の問題がつぎつぎに出された。まして数学は応用問題ときている。出来ようはずがなかった。そのあとで人間性をテーマにした作文を書かされたような気がする。最後におおぜいの試験官の前で口頭試問を受けた。何を質問されたかは忘れてしまったが、優しく問いかける試験官もいれば、苦虫を噛みつぶしたような渋い顔をした紳士もいた。私たちはそのあとで「自力更生」という字を書くように言われ、筆と硯を渡された。この試験は一日近くかかった。友人の顔もすっかり紅潮していた。他の成績はともかくとして、算数に自信のなかった私は採用をほとんど諦めていたが、一週間ほどして「佐渡鉱山人事部」と書かれたいかめしい封筒がわが家に届いた。おそるおそる開けて見ると、それは採用通知だった。三人とも合格したのである。父は「お前が心配するほどの成績じゃ、なかったんじゃあないか。よかった、よかった」と、手放しで喜んでくれた。私はホッとした反面、少々照れくさくもあった。父は引っ込み思案の娘が金山に採用されたことがよほど嬉しかったとみえ、教頭の園芸教師の家にわざわざミカン箱を持って礼に行ってくれた。

「三菱鉱業株式会社佐渡鉱山」と分厚い木版に書かれた色あせた看板が鉱山の正門の前にいかめしく掲げられていた（そのころ佐渡金山は佐渡鉱山と呼ばれていた）。私たちは女子事務員として月給十三円で雇われたような気がする。女子事務員といっても所属は雑役の部門に入っていたが、延々と隆盛を誇った鉱山に開坑以来の初の女子事務員となったわけで、なにはともあれ、私たち三人はちょっぴり誇らしい気持ちであった。

服装は特に定められておらず、私たちは申しあわせたように、女学校時代の制服を手縫いで改良し、胸元に蝶結びの白いリボンをつけて通勤したり、あるときはニコニコ絣やガス銘仙の着物の上に、紺サージのうわっぱりを着て通った。女学校を卒業して間もなかった私たちはまだ一度も化粧したことはなかったが、そのころから薄化粧して通うようになった。クラスメートの一人は、睫毛(まつげ)に美しいかげりがあった。もう一人の友はふっくらした頬に笑うとえくぼが愛らしかった。私はといえば三人の中で一番色が浅黒かった。事務所の職員たちは「味気なかった山に、一度に花が咲きこぼれたようだ。この美しい花々を誰がちぎっていってしまうのかなァ。君たちは若い。当分お嫁になぞ行っちゃ駄目だ」と、青い固い実を秘めたままの私たちをからかった。

最初、私たちは本部の事務所で事務見習いとして庶務課に配属された。この事務所は、旧御料局時代の金山の建物の一部で、現在は相川郷土博物館として御料局時代の建物のまま残されている。この建物は明治二十三年から二十九年の間に建てられたものである。私たちはここで算盤の練習やローラーで線引きの練習、ときには数学や国語のテストを受けたり、封筒書きなどをして、日がな一日を費やした。封筒書きといえば朝鮮の花田里鉱山宛にもよく書いたものだった。

庶務課の職員の一人に、頭にゆるやかな天然パーマのかかった端正で落ち着いた中年の紳士がいた。彼は町の算盤塾の先生でもあった。彼は課の職員に懇願され、よく暗算をしていた。職員が何千何百何十万という数字を続けざまに読み上げると、長身の彼はズボンの脇に指先を当てがい、そこを算盤に見立てて指先を器用にかつ機敏に動かしながら、一銭一厘の間違いもなく答を出した。空間に指先を踊らせ、加えたり引いたり、掛けたり割ったりと、自由自在に答を弾き出すのである。こうなると手品師のようなもので、私たちはただ感歎して見ていた。

彼の子息に当たるS氏は「あのような芸当は禅の心に通じるものがあったと思います。父は禅宗（曹洞宗）の開祖である達磨大師や、道元の信者でもあったのです。そのため、常に心を〝空〟にし、頭の中をクリアーにすることによって、あのような大きな数字を一銭一厘の間違いもなく弾きだすことができたのでしょう」と述懐されていた。

やはりあれだけの数字をこなすということは、しっかりとした精神基盤が伴わなければなしとげられないことを、私は彼の子息のS氏をとおして改めて痛感した。彼の姿勢にはいつも落ち着きと謙虚さがうかがえた。それでいてどこか毅然としたたたずまいが感じられ、私たちは他の職員とは違う特異な存在として彼を尊敬していた。

入社してからも私たちは頻繁に試験の洗礼を受けた。私たちは本部の職員をいつの間にか学校の先生のイメージで見るようになった。やがて配属が決まり、一人は庶務、一人は会計、一人は工作の現場事務となった。現場事務に配属されたのは私だった。庶務課担当の職員の一人は「あなたが三人の中で一番健康的で、一番意志が強そうに見えたので、現場に向いていると思ったのですよ」と不服そうな私の顔を見てなだめすかした。

しかし現場に出てからの私は、いつしかこの職場に満足するようになっていた。金山の構内で働く工員たちの生き生きとした息吹に触れ、インテリ技師たちとの交流もあった。職場ではただ一人の女子事務員ではあったが、私は自分に与えられた仕事の重要性を認識し、仕事に対しての自信も深めていった。青春の一時期を金山の現場で過ごしたことは、いまとなっては私にとって得がたい経験であり、財産であった。

金山の始業時間は朝六時半に始まり、終業は午後四時半までだった。一時間の昼休みはあったが十時間勤務だった。就業時間の長さより、朝の早いのに慣れるまでがたいへんだった。五時過ぎに母に起こされて顔を洗い、身仕度を整え、食事もそこそこに出かけるのである。時計とにらめっこの時間帯はきつかった。いや、きつかったのは私より母の方で、私のためにかまどに薪を焚きつけ、ご飯を炊いたり味噌汁を作ったりで、自分が勤めに出るように忙しかった。

「鉱山もいいけど、朝が早うて大変ですのぅ」

町の人々のこんな声も聞かれた。

私は山の勤めにだいぶ馴れていた。朝食もそこそこに薄暗い戸外に出ると、家の前には工員たちの群れが黙々と列をなして歩いていた。私はその列の中に入り、古参株を装って歩いた。昔は遊廓町だったといわれる家のすぐ隣の小六町（ころく）通りを抜け、やがて濁川（にごり）に出た。ここに来るとにわかに海鳴りの音が聞こえた。濁川は文字どおり、金山独特の硫黄くさい嫌な匂いのする濁った水が流れていた。この水は鉱石を洗ったあとの鉱滓だった。この濁川には敗戦後、町の人々が砂金採りに群がる姿が見られたという。前述した故・今井仙太郎氏が、この川底に放棄されていた鉱滓の中から、鉄分を取り除いて純硅砂を集め、それを硝子原料として販売したのもここだった。

濁川の石垣に沿ってゆるやかな坂道を登ったところに金山の正門があった。工作の現場事務所は、この正門を奥にまっすぐ入った構内のゆるやかな坂道を川に沿って歩いたところにあった。本部から空き地一つ隔てたところだった。

早朝の薄暗い工場の中に黄色い電灯が灯り「おはよう。おはよう」という工員たちの威勢のいい声が、職場のあちこちから響いていた。やがて六時半の始業を告げるサイレンが戦時中の空襲警報のように金山に響き渡った。それと同時に金山のすべての機械がエネルギッシュに作動し、めまぐるしい一日が始まる。私は終業の四時半のサイレンが鳴るまでの十時間、この機械の騒音の中で過ごした。

激しく火花を散らす熔接工場、ここは低く長く続く工場の一番奥にあった。次に熱した鋼鉄を打ちつける鍛冶(かじ)工場。モーターの激しい回転の中に金属がキリキリ削られる音のする仕上場があり、その隣は木型を作る木型工場となっていた。これらの工場の棟がゆるやかな川沿いの坂道に細長く続いていた。この古い長屋のように続く木造建ての工場の中では、日がな一日騒音がしていた。工員たちは油でねとついた作業着をまとい、気ぜわしげに汗を流して真っ正直に働いていた。

私の勤めた工作の現場事務所は、この同じ棟の木型工場の隣にガラス戸一枚で仕切られていた。この事務所の中にさらにガラス戸で仕切られた広い製図室があった。三、四人の製図工たちが、ねじり鉢巻をして大きな製図板に向かって、うつぶせるような恰好でトレースをしていた。彼らはお天気のいい日は大きなガラス張りの台を出し、その中に綿密にトレースされたトレーシングペーパーに感光紙を当てがい、暢気そうに屋外で青写真を焼いていた。この製図室を出た別棟に、いかにも研究室らしい感じのする小ぢんまりとした分析工場があった。

工作の現場事務所の裏手のガラス戸を開けたところが広い鋳物工場であった。この工場は高いところに窓がついていて、光線の入りが不十分なせいか、なんとも陰気くささが漂っていた。床底は土がむきだしたままで、砂があちこちに盛られていたように思う。湿った空気のよどみの中に、屈強な男たちが幾組かに分かれてたむろしていた。しかしいったん作業が開始されると、一見荒廃したかのような工場は一変した。屈強な男たちの仕事はすでに始まっていた。工場のあちこちに真っ赤に熔解されたドロドロの金属が燃えたぎっていた。男たちはこのドロドロに燃えたぎった金属をひとかかえもある鉄の鍋に入れ、太い天秤棒を二人で担ぎ上げ、ドッシドッシと地面を踏みしめながら、鋳型の置かれた場所まで運び上げて流し込んだ。男たちの肩に天秤棒が食い込む。シャツ一枚になって、灼けつくような工場の中を全身汗みどろになりながら、すべての雑念を払って荒々しい仕事に取り組む男たちの姿は超人的といってよかった。一歩踏み違えれば、全身焼けただれて死の恐怖にさらされてしまいそうな作業に取り組む男たちは、したたかな経験を積んでいる者たちであろう。さもなくば、これほどの作業を、日常的なものとして受け止められはしないだろうと思った。

しかしこの作業に、電気課の電工が臨時に頼まれて出向いたことを聞かされ、私は驚いた。

この作業は「吹き」といっていたようで、週に一回か十日に一回行われていた。私はときおり用があって事務所の北側に面した裏戸を開け、この鋳物工場へ行ったが、このすさまじい光景を工場の片隅に身を寄せ、固唾を飲んで凝視したものだった。あの真剣さをみなぎらせた男たちの表情を、いまも私は忘れることはない。

私の仕事は仕上・熔接・鍛冶・鋳物・大工・鉄索・電気等、百人余りの工員たちの働くその日その日の工程表作りが主なものだった。ある日、私はたまたまこの工程表の工数の割出法を間違えたらしく、本部の労務課の職員が工作課の工程表をひらつかせながら現場事務所にやってきた。

彼は入口のガラス戸を開けるやいなや、いきなり工程表を私の机の上に突きつけた。

「駄目じゃないか！　この日徹夜した仕上工の工数の割出方が間違っている。計算をやり直してみてくれんか！」

彼は神経質そうな男で、こうしたときはますます眉間に皺を寄せ、唇をゆがめた。私はそれだけで緊張してしまう。それなのに彼はその高い鼻梁をさすりながら、私の机の後ろに気難しく突っ立ったままではないか。私はこうした緊張した雰囲気に弱かった。計算しろなんてとんでもないことだった。彼が突っ立って見ている前での計算なぞ、落ち着いてできるはずはない。私はただたじろいで、算盤を前にぼうっとしているだけだった。

「どうしたんだ！　何をぼんやりしているんだ！　やってみんか！」

彼はいらだった。

私は彼の不快げな視線を背に意識しながら、その息苦しさに耐えられず、大きく深呼吸した。

「何でやらんのかね……。しょうがないなぁ……。あとで計算をやり直して労務課に持って来てくれんか……。まぁ、もっと勉強するんだなぁ」

百人余りの中の一人か二人の計算がたまたま間違えてたからって、なにもそんなに……。若さゆえに、自分のミスを反省するどころか、ピシャリとやっつけられた屈辱に十七歳の娘心は耐えられないでいた。もっとも、この労務課の職員に限らず、私は本部の事務所の職員に対しては、学校の先生のような一種の威圧感のようなものを感じていた。入社後のたびたびの試験が私を懲りさせていたとみえる。

この工作の現場事務所に十一、二人の職員が常任していた。その中に技師長格の一風変わった男がいた。彼は磊落（らいらく）で豪胆で、解放的な人間だった。広い額の下に茶色の頑固そうな瞳を持ち、引き締まった口元にチョビ髭をつけ、だぶついた紺のズボンを無造作に穿き、いつも気ぜわしく、いまいましそうな顔で現場を見まわっていた。当時の現場職員の服装といえば、一様に夏場は薄いグレーの綿の作業服をまとい、冬場は黒か茶のコール天の作業服だったが、彼はこれらの作業服を着ようとはしなかった。例のだぶついたズボンの脇に手拭いを無造作に下げ、型（かた）くずれした色あせた紺の背広をまとい、背広のポケットに黄色い折り差しや老眼鏡をのぞかせ、型の崩れた革靴はいつもほこりをかぶっていた。こんなにも身なりを構わぬ男だったが、あごひげだけはいつも青々と剃り上げ、口元のチョビ髭もいつも綺麗に手入れされていた。彼はヒットラーとチャプリンを合わせたような男だった。

そんなある日、事務も一段落した私は、さりげなく椅子にかけたまま背のびをし、ふと後ろを振り向いた。事務所の入口のガラス窓のあたりにぴったりと身を寄せた彼が、身体を斜に構えてこちらを見すえている視線にであった。私は自分が観察されているのを知り、思わずとまどった。彼は私に気づかれたことを知ると、バツが悪そうに舌打ちをし、入口のガラス戸をそそくさと開け、例のだぶついたズボンを揺らしながら現場へ出ていった。私はなぜか彼の奇妙な仕草が滑稽で、おかしみをこらえていた。

彼は課長のことをよくけなした。

課長はこの一見バンカラに見える技師とは対照的で、その言葉遣いや動作は優しく、綺麗好きでたいへん紳士的であった。課長は入口のガラス戸を開け締めするとき、決まってガラス戸の上部か、中央から少し下の部分を開けていた。そんな清潔好きの課長を見て、彼が黙っているわけはなかった。

「あれじゃあ、君、現場の課長は務まらんよ」

彼は誰にいうともなく、いまいましそうに舌打ちをした。舌打ちは彼の癖だった。

その彼がある日、私にこんなふうに話しかけた。

「どうだい君、僕の家に遊びに来んかい。うちの家内は若いころ、学校の先生をしちょってなぁ。いまは日曜日のたびに、家に金山の職員の子供たちを集めて、オルガンで賛美歌を弾いて教えているんだよ。家内は、そんじょそこらの奥さんとはちと違うんだ。偉いもんじゃろう」

と彼は豪傑な笑いをしてみせた。

その彼が兵庫県の明延(あけのべ)鉱山に転任が決まってすぐのことだった。

「オイ君。君に僕の写真を一枚上げておこう。記念にしてくれ。男の写真の一枚くらいは、そろそろ持っていてもよい年ごろだよ」

彼はポケットから一枚の写真を取り出して私に渡した。その写真はあいかわらず口元にチョビ髭をつけていたが、それはまったく彼らしくなく、こちこちに畏(かしこ)まったものだった。糊のきいた真新しいワイシャツに渋いネクタイを締め、見るからに英国製らしいどっしりした生地の背広を着込んでいた。着馴れぬ背広のせいもあってか、日頃の彼とは別人のようだった。緊張した直立不動の写真は、むしろおかしみさえも感じさせた。

彼は私のけげんな顔がまだるこしかったと見え、

「どうだい、いい男だろう」

チョビ髭を撫でまわしながら、彼は例の豪傑笑いをした。

「Tさんも改まると、こんなに立派な紳士になられるんですね」

私は妙にちぐはぐな心で答えた。

「そうかい。君も僕を見なおしたかい。しかし、いまごろになって君に見なおされてもはじまらんなぁ」

彼はそう言いながらも、自信に満ちたようすで相好を崩した。磊落で気のいい一面を持った技師だった。

私が事務をしている現場事務所の窓からは、棟伝いに連なる奥行きのある各工場が見えたため、女一人の事務所でも私はいっこうに退屈することはなかった。

現場事務所には、各部門の職長たちが入れかわり立ちかわり、忙しく出入りした。彼らは一様に顔のあちこちに機械油の汚れをまるでいたずら小僧のように派手につけ、機械の部品を手にしては現場技師となにやら打合せをし、そそくさと引き揚げていった。私は彼らの油にまみれた顔に、やんちゃな、かつての日の少年の面影を見る思いだった。

職長たちにはそれぞれの個性が見られた。

熔接部の職長は品のいい老紳士という感じだったし、仕上場の職長は背が高くスタイリストで、油ぎった紺の作業服に斜めにかぶった鳥打帽がよく似合った。歯切れがよくて動作も敏捷だった。そこへゆくと鍛冶場の職長は誠実で温和な人だったが、いつも顔色がすぐれなかった。木型部の職長は佐渡おけさの「立浪会」の会員で笛吹きの名手であったが、神経質でかんしゃく持ち。同じ木型部に、色が浅黒く眉の秀でたいなせな感じの「立浪会」の踊りの名手がいた。

彼は、若くて陽気な青年で、額に豆絞りの鉢巻をきりりと締め、いつも鼻唄まじりに仕事をしていた。ときには仕事中に突拍子もない声を出しておどけてみせた。職長がそんな彼を青筋立てて叱責していたが、いかにも職人気質な小さな身体は筋金入りだった。この木工部は大工の部門に付随していたが、実際の大工の作業場は、工作の現場工場の斜向かいに位置しただんだら坂を登りつめた鉱山病院の裏手にあった。ここの職長は赤銅色をした童顔の男だったが、彼には落ち着いた度量を持つ親分肌のところが見られた。その彼に愛人がいた。同じ職場で働く現業員で、この愛人は隣村の小川（おがわ）という漁村から通っていたが、笹の葉を思わせるような線の細いすっきりした顔立ちの美人だった。彼女はみるからにすがすがしい感じのする人だった。この二人はなかば公然と旦那と愛人の関係を表明していたが、それがいっこうに抵抗がなく、おかしくないところが不思議だった。

　鋳物工場の職長は大柄なわりにおとなしく、近眼の眼鏡の奥の細い目が誠実そうだった。電気部の補繕の職長も大柄な男。黒い髪の毛が天然パーマでちりちりにちぢれ、鳥の巣のような頭をしていた。彼は茶褐色のむくんだ顔をした山男のようだった。外観とは異なり、若い工員たちを使いこなせるかと思うくらい温和だったが、結構電工たちに敬愛されていた。

　火力発電所（タービン）は工場の前の橋を一つ隔てたむこう側にあった。赤い煉瓦造りの瀟洒（しょうしゃ）な建物で、橋のたもとの桐の木の梢を通してよく見えた。紫の桐の花と赤煉瓦の建物がしっくりとした調和を見せ、印象的だったことを覚えている。しかし、このタービン室の内部は、いったんドアを開けて入ると、グァーンという騒音で、話などまったくできなかった。広い室内には巨大な機械がぎっしり組まれ、電力計のメーターがひっきりなしに回っていた。タービンの運転員たちは昼夜二交代で、このメーターの数字を正確に記録した罫紙を現場事務所に毎日届けていた。新聞紙半分くらいの横帳罫紙には、細かい数字がペンでぎっしりと書き込まれていた。あの騒音の中でよくもこれだけの数字が書き込まれるものだと、私はこの数字の羅列に目がくらむ思いだった。このタービン室の職長は背丈のあるイガグリ頭。彼は真っ正面から自分の意見を通す男で、よく現場職員と張りあっていた。

タービン室に続いた裏手がボイラー室。ボイラー室の職長は小柄できびきびした男。清潔好きな彼は紺の木綿縞の作業服をきちんと身につけ、真っ白いタオルを首にかけ、現場事務所へよく姿を見せた。彼は作業員の人員が不足しているといっては、臨時工を差し向けるように、職員に頼みこんでいた。ボイラー室の表の空き地には、いつも黒光りした石炭が山積みされていた。屈強な作業員たちはシャツ一枚で汗みどろになりながら、つぎつぎとシャベルで石炭をすくっては、真っ赤に焼けただれたかまどの中に、力一杯ほうりこんでいた。巨大な山を動かす原動力でもあった火力発電所の作業員たちの仕事は、三交代で昼夜ぶっつづけでやる仕事だけに、エネルギッシュではあるがきついものだったに違いない。律儀(りちぎ)な職長は、体力を必要とする作業員たちの仕事の厳しさを訴え、少しでも人員を増やしてもらいたいと、部下を思いやっていた。

変電所は山の奥、つまり道遊の割戸のふもと近くにあった。採鉱の現場事務所にも近く、私はこの変電所に所用で年に一、二回出かけた。ここは昼夜二交代で、二人の作業員が勤務していた。変電所へ行くのに、歩いて三、四十分はかかったように思う。ボイラー室を眼下に見おろしながら構内の坂道を登りつめると、鉱山病院の裏門に出る。そこに丸太で荒く組まれた大工の作業所があり、その前に交換室がちんまりとあった。金山専用の交換室である。ここの交換手は三十歳に近いほっそりした優しい人。彼女は変電所の作業員の妻であった。

この交換室の角の裏門を出たところが相川の上町に通じていた。慶長年間以来、この上町には奉行所をはじめ、山師、大工（坑内工員）、穿子（ほりこ）たちがひしめいて住み、京商人たちが絹布や小間物などを商った町でもあった。金銀全盛期の慶長末から元和にかけて、この上町は山稼ぎの者たちの住居で埋めつくされ、住居のない者たちは、吉野作りといって、谷間に大木をさし渡してその上に住居を建てて住んだ。当時の上町には三階建ての家も多く、雨が降っていても傘の必要がなく、庇（ひさし）の下を通行できるほどだったという。

松の木の繁る旧奉行所は、構内の裏門を出た右側にあった。このあたり一帯を広間ヶ丘といっていたが、この奉行所は石扣町の私の家の前の坂を登った崖下の細い山道続きの丘の上に、中学校と並んで建っていた。ここからは日本海が眼下に見渡せた。当時この奉行所は、中学校の職員の玄関口として使用されていた。しかし、昭和十七年十二月一日の中学校の失火で、中学もろとも焼失してしまった。日本でただ一つしか残されていなかった奉行所は、昭和四年十二月に国の史蹟に指定されただけにたいへんに惜しまれた。

町では総工費二十億円余りをかけ、平成十七年の完成をめざして、平成六年七月に奉行所の復元に向けての発掘作業が始められた。この発掘現場からは、陶磁器・古銭・井戸・石畳などの遺跡が出土し、また金銀の精錬などにも使われたという上質の鉛百七十二枚（重さ七千七十六キロ）が出土した。

めざす変電所は、この裏門を出ずに構内をまっすぐに道遊の割戸に向かって歩くのだが、この構内の細い山道をやや行くと、左崖下の沢から渓流の音が聞こえてくる。沢のむこう側に幾重にも広がる緑の山の尾根を眺めながら、私は誰一人通らぬ真昼の山の一本道を歩いた。尾根の上に心にくいほどの青く深く澄んだ空があった。頭上にときおり鉱石を積んだ鉄索の箱が、太いケーブル線の上を通っていた。日本海の海辺近くのこの清冽な山の静寂（しじま）の中にいて、私は工作機械の騒音と鋼（はがね）や油の異臭で息をひそめたくなるような自分の仕事場が、まるで嘘のように遠い存在に思えた。

やや行くと選鉱場や搗鉱場が見えてきた。巨大な山を槌（つち）やたがねで断ち割った先人たちの山、道遊の割戸が見えた。慶長六年に発見されたというこの割戸は、数百年にわたって掘り下げられた人工と自然の造型美といってよかった。道遊の割戸は佐渡金山の原点をなす存在だった。そのあたりに木造建ての朽ち果てた無人の坑員長室の棟があった。反対のこちら側には、道端の笹やぶに無宿者たちの墓があった。その先に無人となって朽ち果てた茶店が一軒建っていた。

無宿者の墓は嘉永六年に建てられたもので、一枚の岩を三枚に重ねて造られており、坑内の作業中に火災にあって死んだ無宿水替作業員たち二十八人の生まれた地や戒名、年齢などが刻まれていた。舟戸安之という詩人が「わずかな時間で滅んだ君ら穴ぐらしの過去。命の散華か」と、嘆じている。無宿者たちの墓は、ここのほかにも町の古寺の高く鬱蒼と繁る森林の中にわずかなこぼれ陽を受けながら、小さく苔むして傾いて建てられていた。彼らは幾百年もの風雪に耐え、激しく生きたかつての日の証をこの地にひっそりと刻んでいた。この町ではこれら無宿者たちの霊を慰める行事が毎年行われている。

　この付近に高く積まれたボタ山があったように記憶している。変電所がすぐそこに見えた。変圧器の入った室内は、発電所のタービン室のようにグァーンと音がし、おもわず耳をおおいたくなる。先ほどの交換手を妻に持つ運転員は、電気の主任技術者の試験を受けるのだと張り切っていたが、日中一人で（ここは二交代だった）変電所の騒音の中にいると、頭がおかしくなるとボヤいていた。

　変電所の前の坂道を少し上がったところに採鉱の現場事務所があった。青葉に囲まれた広い事務所には打ち水のあともすがすがしく、さすがにここまでくると夏でもひんやりした風が吹いていた。

　事務所のかたわらに堅坑の入口があり、四、五人の坑員が頭に鉄かぶとをかぶり、カンテラを持って私の方に向かって笑いながら手を振り、エレベーターで下っていった。作業員たちであろうか、そこにはかつての江戸時代の悲惨な坑員の生きざまは見られず、彼らは一様に明るかった。そのころの竪坑はたしか十五番坑まであったように思う。坑内で電気が故障して停電になると、採鉱の現場事務所から電気課に、電話がけたたましくかかってきた。その電話を取りつぐのが私。補繕部の電工たちが、腰にペンチなどを入れた袋を下げ、吹っ飛ぶようにして出かけたが、なにしろ遠い採鉱の山のこと、坑内まで行きつくにはかなりの時間を要した。入坑すると二分の割増しがついたが、それでも彼らは、坑内の仕事は暑くて息苦しくなると言って坑内行きをひどく嫌った。

坑内の竪坑は一番坑から二番坑と下に降りるに従って横に面積が広がり、九番坑に下がると、そこはエレベーターの切換所があって急に面積が広くなり、作業所には赤い電球が瞬き、さながら美しい夜の町でも見るようだと、電工たちは私に教えてくれた。坑内は九番坑までは我慢できるとしても、それ以降の十五番坑までは、極度の暑さの中での作業となるため、とてもシャツなど着られるものではなく、彼らは素っ裸になって作業したという。暑さとそれに伴う息苦しさ、長時間の入坑、これらの悪条件が彼らの入坑を拒んだのであろう。やはり坑内の仕事は、昔ながらにきびしいものがあったようである。

大間(おおま)にディーゼル発電所建設の動きのあったころ、すでに電気部は工作課から独立し、私も電気課へ移った。電気課は工作の現場事務所の前の橋げたの崖下の低地にあった。にわか作りの仮事務所のような感じだった。赤煉瓦建ての瀟洒な火力発電所がすぐそばにあった。

私は電工の工程表作りや職員社宅の電気料金の割出し、倉庫にあるケーブル線をはじめとする各種電線、碍子など、工事に必要な細かい部品の出し入れをチェックし、これら支出した材料の注文伝票を書いた。電動機などの大きな機械の注文伝票等は職員によって書かれていた。公休出勤すると五分の割増しがついた。しかもその日の終業時間は平常の午後四時半を待たずに、午後三時を過ぎると、電工たちは現場の仕事から真っ黒になって帰り、一服した。規約にはなかったのであろうが、そのころの工員たちの公休出勤の時間帯として慣例のようになっていた。私もたまの公休出勤は、彼らに倣ってはやばやと仕事を切り上げ、事務所とガラス戸一枚で仕切られた工場で、電工たちの団欒(だんらん)の輪に入って雑談した。彼らはみな気さくな男たちだった。なにげない話の中に、冗談の中に、小さな仕草の中に、私は彼らの真摯な心を見た。彼らの中にいるといつも心が和んだ。

補繕部の工場の中には、つぎつぎに故障した電話機が運ばれ、その電話機は窓に沿った補修台に並んでいた。薄暗い工場の片隅に太いケーブル線が大きな木枠にはめられて、どっかりとすえられていた。火鉢の中には夏でも火が熾(ほて)っていて、電工たちがその火鉢の前で鉛と錫を熔解した自家製の半田蠟を作っていた。彼らは朝出かけると夕方までほとんど工場に残っていなかった。電話機の修理やケーブルの太い電線にテープを巻き付ける初老の男たちをのぞけば、そのほとんどは広い金山の中に吸い込まれていった。

公休日、仕事をすませると、私たちはボイラー室の隣にある工員たちの入る入浴室に行った。浴室の湯はボイフー室の湯を調節したもので、男湯と女湯が隣りあわせになっていた。天井の高いがらんどうの浴室は、灰色のコンクリートをむき出しにした無味乾燥なものだった。脱衣室はいつも薄暗くよどんでいた。

髪の毛の薄い老人がこの浴場の番人だった。どちらかというと、女っ気を好むたちのこの老人は、いつも風呂上がりのような艶のいい顔をしていた。

「おじさん、やたら女湯開けて見んでくれぇちゃ」

「なに言ってるんちゃ。儂が見るもんかっちゃ。儂はそのための番人だがのぅ」

女湯には精錬の女たちが多かった。精錬は、工作の現場事務所つづきの道を少し上がったところの急な斜面の坂の上に建っていた。彼女たちは筒ぽう袖の膝までの半纏(はんてん)をまとい、姉さんかぶりに前掛けを垂れ、小ざっぱりした服装で電気課の現場事務所前の坂道を足繁く往き来していた。むっちりした小麦色の健康そうな頬にクリームの漂いを見せた彼女たちは、楚々として誰もが美しく見えた。彼女たちのほとんどが近在の小川・達者(たっしゃ)あたりの漁村から稼ぎに来ていた。静かな漁村で天衣無縫に生きた女たちの世界には、整わない美しさがあった。私はいつだったか金山の変電所へ行く途中で選鉱場の女たちのたくましい腕(かいな)が、ベルトコンベアーに載せられてくる鉱石を選り分けている姿を見たことがあったが、彼女らを剛とすれば、精錬の女たちは柔といってよかった。しかし姉さんかぶりをはずした浴室の中の素顔の彼女たちは、私のイメージとは異なっていた。彼女たちは引きつめた髪を無造作にたばね、声高に男の話をしていた。一様に若く見えた彼女たちの中には年輩者もいた。西洋の女がベールをかぶると神秘的に見えるように、一本の手拭いが彼女たちをより初々しく、より美しく見せていたようだった。しかし、その一方で私は女たちのあけすけな明るさの中に、曖昧さのない確かな息遣いを感じ、彼女たちの素朴で単純にすら思える生き方を羨ましくも思った。

そんな夏の日の午後だった。

その日は公休出勤の日で、朝から風はそよりとも吹かず、じめじめとむし暑く、妙に苛立つような日だった。仕事をすませ、そろそろ退社しようと思っていた矢先、私はまったく予期せぬ事態に出あわねばならなかった。

先ほどから電気工場の横の空き地で、仕事を早々に終わらせた若い工員たちが四、五人で陽気に相撲を取っていたが、そのうち急に、うぉう、うぉうと呻く男の声があたりにこだました。彼らの中の一人が相撲を取っているうちに、なにかの拍子で相手方に打ち倒されたらしい。打ちどころが悪かったのであろう。私はほとんど反射的に事務所を飛び出して工場へ出た。工場のガラス戸越しから私の見たものは、空き地にうずくまり、呻き苦しんでいる青年と、そのかたわらに仲間の青年たちが駆けより、あわてふためいている姿だった。

「南無阿弥陀仏を唱えてくれ……。早く殺してくれ！」

青年は苦悶しながら絶叫していた。

あとでわかったことだが、青年は背中の骨を折ったということだった。そのうち仲間の一人がすぐ守衛所に連絡を取ったらしく、あたりが急に騒然となった。私はなすすべもなく、この恐ろしい束の間の惨事に脅えきって、逃げるようにして正門を出た。青年は鉱山病院に運ばれたのであろうが、その日敢えなく死んだと聞いた。

私はいまでも金山時代を思い出すと、その思い出の底に突如、あのいまわしい青年の絶叫がどす黒い余韻を引いて聞こえてくるようで、胸が締めつけられる。

給料日、私は電工たちと一緒に本部の事務所にある会計課の窓口に並んだ。私たちは工作・電気・分析・精錬などとそれぞれに書かれた白い紙の張られた会計の窓口に立って給料袋を受け取るのである。工員たちの油で光った菜っ葉服姿の列は、本部事務所の隣にある広場の向こうまで延々と数珠つなぎに続いていた。

私は鉄くさい機械油の臭いを漂わせた男たちの中に混じって待った。遠くに精錬の女たちの姉さんかぶりの列が揺れていた。工員たちは順番を待つ間、ポケットに両手を突っこみ、不精ひげを撫でまわし、手持ち無沙汰だった。私もそぐわない空気の流れの中で苛立たしさと、はにかみを感じながら並んでいた。そんな順番待ちの列は、本部の前の花壇に植わった色とりどりのチューリップを見ながらの日であったり、炎天の焼けつくような暑さでめまいがしそうになる日であったり、そぞろ寒い灰色の外光を背にした秋日であったり、濁川の川向こうの海から容赦なく吹きつける、あの強いシベリア風をまっこうから受け、思わずすくみたくなるような凍てつく日であったりした。

四季折々、屋外での自然にさらされながらの給料待ちは、耐えがたい屈折した感情を私に与えるのだった。印鑑一本持って並ぶ工員たちの長い列の中にいて、私はなぜかこの列を囚人の列のように錯覚し、屈辱感めいたものを味わっていた。はるか前列に並んだ男たちがつぎつぎと小さな給料袋を手に、職場に向かって駆けてゆく姿を見て、ひどくしょぼくれた悲しい気持ちになった。楽しいはずの給料待ちの日は、私を廃墟に近い心にした。

日頃、工員たちの示すあのきびきびした活力に満ちた姿はこの日にはなく、そのせいか、職場ではいっこうに感じなかった彼らの菜っ葉服姿が、この給料日に限って妙に白々しくみじめに見え、その季節季節を黙って耐えて並んでいる彼らの姿は、私をも含めてなぜか重く切ないものにした。月一回の楽しかるべき給料日は、馬鹿げた錯覚の中で私の心を重く沈んだものにしていた。

現場の職員の給料は、電気課の雑役のおすいさんが職員の印鑑を預かって、会計課からまとめてもらってきて渡していた。電気課の雑役の部門にいたのは、私とおすいさんだった。おすいさんは給料袋を大切そうにもらってきては、

「ハイ、旦那さま、お待ちどおさまでした。お給料頂いて参りました」

彼女は机に向かって雑談している職員たちの前に姉さんかぶりの頭を下げて、自分のもらっ

た給料でもあるかのように、喜びが照り映えるような表情で渡していた。姉さんかぶりの間からほつれ毛をのぞかせて微笑している彼女に、私は母性的なものすら感じていた。殺風景な工場で、彼女は潤滑油のような存在だった。そんな彼女に対しても、給料袋をそっけなく受け取る職員もいた。

当時、父を亡くして間もなかったわが家では、母に渡される父の恩給扶助料と私と私の妹のわずかな給料（妹も女学校を卒業した年、私の入社二年後に金山に入社していた）とで、学業半ばにいた二人の弟との家族五人の生活をまかなっていた。それは決して楽なものではなく、母はいつも苦慮していたようである。私たち姉妹のときおりの残業と公休出勤とでなんとか生活は潤ったが、この残業と公休出勤をさせてもらうのが一苦労だった。現場職員の許可がなければできなかったのだ。ことに公休出勤は、ない仕事を無理に作って仕事の内容を報告せねばならなかったため、私は常に現場職員に後ろめたさを感じなければならなかった。こうして得た給料袋に入ってくる賃金は三十二、三円もあればよい方だった。しかし、母が喜んでくれるのがうれしく、こうした悩みは帳消しとなった。

現場事務所に四十歳を少し越えた技師がいた。彼は長いこと痔を病み、鉱山病院で痔の手術を受けた。小柄で優しそうな彼の妻は献身的に夫の看病につとめた。その疲労がたたってか、彼の妻はやがて病に倒れ逝った。彼は妻を亡くすと、ものの二ヶ月も経たぬうちに、後添えをもらうのに懸命のようだった。もっとも彼には小さな子供たちがおおぜいいたので、無理のないことではあった。

彼はこの町に住む夫を亡くした女性を知った。彼はよく手紙を書いて雑役のおすいさんに持たせた。その女性の方からも、おすいさんを通して彼に手紙が届いたという。彼はいかにも男らしい一見仏頂づらの人物だったが、おすいさんの恋の橋渡しが功を奏したのか、この愛は実ったらしく、彼らは結婚したようであった。

おすいさんは人の恋の橋渡しばかりをしてはおれぬとばかりに、いつの間にか自分も工作の鍛冶場で働く屈強な若者と恋をして一緒になった。彼は骨格たくましく上背もあり、それでいて温和な人柄で、工員たちの中にいてもひときわ目立つ存在だった。おすいさんはこれまで夫に死なれ、そのうえ子供にまで死なれ、女一人で辛酸をなめつくしてきたといい、私の人生は小説にしてもいいくらい、悲しく厳しい人生だったと、工場の片隅でよく私に話していた。しかし、人並み以上の夫にめぐりあい結婚して、もうなんの悩みもないと見え、その頃からおすいさんは姉さんかぶりの下のソバカスの多い細面の顔に、クリームの匂いを漂わせ、襟元から白い半襟をつつましくのぞかせ、日常の仕草にもどこか若妻らしい楚々とした喜びがあふれていた。彼女は相川の町から一つ先の小川という漁村の生まれで、よく俳句をたしなんだ。彼女の描写は巧みだった。そのころ彼女は二十八歳くらいだったと思う。

# 海色（うみいろ）

石扣町の家の前のゴロタ石の多い急な坂道を登ると、細い山道がゆるやかなカーブを見せて続いていた。そこから日本海が一望できた。夏の海がはげしい日差しの中で葡萄色に光っていた。崖下のこの細い山道を登りつめたところが広間ヶ丘につながり、そこには奥ゆかしさを残した旧奉行所があり、奉行所の敷地内に並んで中学校が建っていた。この広々とした丘の上には、奉行所と相対して古い木造建ての鉱山病院があり、赤い煉瓦塀をめぐらせた裁判所や時鐘楼が建っていた。このあたり一帯はいかにも城下町らしい落ち着いた雰囲気をかもしだしていた。

私はいつの頃からか、晩春から夏、そして初秋に近い季節を、金山の勤めの往来（ゆきき）にこの誰も通らぬ城下町らしい雰囲気を残した丘の下の山道を好んで通るようになっていた。この山道からは春日崎の岬が見え、その手前に鹿伏（かぶせ）という漁村が見えた。漁村に沿って木端葺き屋根に石を乗せた相川の町並みが、ゆるやかなカーブを見せた相川湾に沿って立ち並び、遠く千畳敷の岩が波の間に間に見えかくれしていた。このあたりから見る夏の落日は実に雄大であった。炎々と燃えさかる太陽が水平線にその姿を沈めてゆく過程は荘重で、華麗であった。巨大な太陽の輪郭を映して揺れ動く海原は、黄金色の稲穂を撒き散らしたような、めくるめくきらめきを見せていた。しかしこの美しさは一瞬のもので、太陽はみるみる海原に没していった。つい先刻まで金色に溶けるように輝いていた海原に夕闇が容赦なくせまり、この夕闇は春日崎の岬あたりから次第に薄墨を流したような泣きべそ色をした海色に変わっていった。私はこの自然の営みの中で移り変わる海色を眺めながら、なぜか孤独を感じていた。この夕陽の残映の中に薄墨色をした萎えた魂と、萎えた肉体を見たような気がした。それはいつか転勤の船の中で見せたあの父の深い孤独の影にもつながっていた。私はこの海色の中で自分の若さが束の間のものであることに気づきはじめていた。この海色の中に、人間の生と死をおぼろげながら見きわめたような思いがした。少女期から大人へと移行する微妙な心の推移だったのであろうか。青春への訣別、生と死、そして孤独。私はこの夕映えの残照の中に立って人生をこのように肌で受け止めたのはそのときが初めてであった。やがて父の死を迎える悲しみが、すでに私の内部に予感めいたものとしてはびこりはじめていたのかもしれない。

　夕闇の静寂の中、漁師たちの群れが小船を漕いで静かに磯辺を離れていった。日没を待って沖へイカ釣りに出てゆく船である。彼らは暗い夜の海の底をランプの明りを求めて寄ってくるイカの群れを夜を徹して釣り上げた。漁火が夜の海に妖しく燃え、沖の向こうにさながら港町でもあるかのように、美しい幻想の世界を繰りひろげていた。

　私はこの海色の中で人間の持つ孤独を知り、悲しみを知り、その美しさを知るのだった。

## 鉱山まつり

夏が訪れるとなんといっても、華麗さを誇ったのが鉱山まつり（現在の金山まつり）だった。町総出で行われる大祭で、私の住んでいた頃は毎年七月十三日から十五日の三日間にわたって行われた。

鉱山まつりは島の三大祭りの一つで、江戸時代に故郷を離れて相川でお盆を迎えた佐渡奉行の役人をねぎらうため、村人たちが盆踊りを踊って見せたことがその由来だともいわれている。佐渡おけさについては、いろいろ言い伝えられているが、確かな説としては北九州で踊られたハンヤ節が北陸に伝わって佐渡へ渡り、そのハンヤ節が佐渡おけさの前身であるともいう。

金山(やま)では祭りの一ヶ月ほど前から、工員たちが祭りに備えて昼休みや仕事のあとの余暇を利用して、構内の空き地で各部門に分かれて山車(だし)作りを始めていた。私たちのところでは、工作・電気・分析などが合同で、大布袋(ほてい)の山車を作り上げた。場所はボイラー室の横の浴室の前の空き地だった。はち切れんばかりの腹をふくらませた布袋は、両頬にたっぷりとした耳たぶをつけ、片肌をぬいだ手に軍配を持ち、でーんと腰をすえて構え、見るからに祝いごと向きだった。手先の器用な工員たちによって作り上げられたこの大布袋を載せた山車は、出色の出来だと私は思った。採鉱・搗鉱・精錬などからも豪華なものがつぎつぎに出された。

電気課では山車のほかに「きんぎん」の文字を配したイルミネーションを製作した。狭い工場の中に何百という裸電球が持ち込まれ、その電球に赤・青・黄・緑と鮮やかな彩りの塗料を工員たちがつぎつぎに塗り込んでいった。この作業は連日続いた。工場の中はエナメルやシンナーの強い臭気でむせ返り、すぐ隣の私のいる事務所にも立ちこめ、頭が痛くなるほどだった。現場職員と工員たちの「きんぎん」にかける意欲はすさまじく、はじめての試みとあって、彼らはどこの部分の電球に何色を配すとか、どの部分を何分間点滅させるか、という技術的な面を図面と首っぴきで研究しながら製作していた。出来上がったイルミネーションの文字塔は、長坂を登りつめた時鐘楼のすぐそばの協和クラブの屋上あたりに設けられたように思う。暗い夜空に「きんぎん」と浮きぼりされた鮮やかな色彩のイルミネーションは、当時隆盛を誇った佐渡金山の象徴といってよかった。このイルミネーションが春日崎の岬に黒々とひろがる日本海に向かって燦然と輝き出すと、人々は物珍しさと、そのたとえようもない美しさに眩惑され、思わず立ちすくんだ。この妖しいほどに美しく輝くイルミネーションはその輝きが美しすぎるがゆえに、ときには傲慢で挑戦的ですらあると、私の目には映った。と同時に私は生まれて初めて見るイルミネーションの輝きに、強い感動を覚えていた。昭和初期の佐渡では、イルミネーションという言葉さえも珍しく、ましてや絢爛とした輝きを見せて点滅する文字塔を見たことがある者はほとんどいなかったのではないかと思う。

　祭りの日、金山では職員も工員も一体となって、三菱のマークに波を染めぬいた揃いの浴衣に豆絞りの手拭いを首にし、赤い紐の菅笠（すげかさ）をかぶり、白足袋に艶（なまめ）いた腰巻きをつけたいでたちで、豪華な山車を曳きながら民謡のおけさを流して町中を練り歩いた。この華やかな踊りの群れは、一群が去ればまた一群が押し寄せて来るというあんばいで、踊りの熱気はいっこうに止むことがなかった。小さな町中は祭りの三日間、日がな一日山車の上でピョロピョロと鳴らされる囃子方の笛太鼓に合わせて踊る人々の群れで賑わった。芸者衆の三味の音や合いの手がいっそう踊りの輪に華やかさを添えていた。日本髪を結った芸者衆が着物の衿をぐっと下げ、その撫で肩に赤い襷を掛け、バチさばきも鮮やかに、男たちの曳く山車の先頭に立って小粋に手拭いをかぶっておけさを流して歩くのが目をひいた。祭りは町の芸者衆のかきいれどきでもあった。おけさ流しの群れの中に知っている顔が通る。日頃、生真面目に働いている男たちがその雰囲気の中に溶け込みながら、三味にあわせておけさを踊って通るさまは粋で鷹揚で、こんな思いがけない器用さがひそんでいたのかと思うほど、その踊りは達者だった。

　おけさ踊りは一見華やかに見えるが、その実、気品があって優雅で、華やいだ祭りの最中にあってさえ、人の心を甘美な哀愁に誘い込む。菅笠をかぶって踊る彼らの艶やかな肩のまろみ、嫋々とした手ぶり、腰から足元にかけての流れは、着流しの浴衣の波のしぶきに挑み、あるときは憩う。踊りの流れは高貴で近よりがたいほどのたたずまいを見せ、あるときは幽玄で、あるときは冷やかに、あるときは輝き、そしてあるときは粋で男らしかった。私は自分の中にひそんでいる内的世界の形にならない憧憬が、この多様性を含んだおけさ流しの踊りに、唄に象徴されているようで、自分の模索していた心が急に解きほぐされてゆく思いで眺めていた。

私は石扣町の家の前で、おけさ流しの群れを見るのに余念がなかった。

「おぅ、入らんかっちゃ。鉱山まつりのおけさ流さにゃ、旅の者に間違えられるがさぁ。早う来て踊らんかっちゃ」

顔見知りの男たちが私の顔を見て袂を引く。夕刻近くになると彼らはさすがに酩酊し、おぼつかない足取りで踊りの群れにいた。酒気を帯びて汗ばんだ男の体臭が、狭い本通り一杯に広がっていた。

おけさ流しは夜に入っても磯風に乗って、余韻を引いて流れた。寝つかれない耳朶に、遠く近く間を置いて響く流しは、明け方近くまで朝もやの立ちこめた磯辺の町に続いた。


三日間続く鉱山まつりの中日に、私たち女子事務員は鉱山長の意向もあって「弥次喜多行進曲」を踊ることになった。そのころ女子事務員の数はかなり増えていた。小学校の屋内運動場を借りての稽古である。振付けは立浪会の踊りの指導に当たっていたこの町の電力会社の職員だった。

「お江戸日本橋振り出しに…二人道中すごろくは…」

私たちは陽気なレコードにあわせて広い運動場で輪になって踊った。無器用だった私は、踊り終わると汗びっしょりになった。ようやく踊りがさまになったと思うころ、祭りの日が訪れた。絣の短い着物に「弥栄」と染め抜いた赤いメリンスの前掛けをさげ、姉さんかぶりをする者。菅笠を持ち、浅黄の手甲脚絆をつけ、裾を腰のところで端折る者。二人一組のかわいい弥次喜多のカップルができた。衣装はそれぞれの手作りであった。

舞台は例のボイラー室の隣にある浴場の前の空き地。そこにかなり高い舞台がしつらわれた。炎天下、老若男女の拍手の波の中をメリハリの効いた「弥次喜多行進曲」のレコードが鳴る。このレコードの流れる中を舞台に上がるのであるが、私たち女子事務員が弥次喜多行進曲を踊るということで、前評判は上々。人々の興味津々のうちに幕は開いた。案ずるより生むが易しというが、軽妙なレコードのリズムに合わせておおぜいの同僚と踊る気安さもあってか、あれほど稽古のときにたじろぎ、勇気を必要としていたのに、こうなるとよくしたもので、私たちは弥次喜多の衣装をつけた違和感も、恥じらいも影をひそめ、なんと余裕を持って伸び伸びと楽しんで踊ったことか。

この鉱山まつりの祭典の記念写真を撮ったのが電気課長である。キャビネのスナップ写真のサンプルを作って金山の従業員に申込みを取るのであるが、この申込写真の焼付けを課長に頼まれたのが、なんと私であった。

本部の事務所の炊事場の横に、小さな暗室が設けられていた。私はそこで課長に写真の焼付けの技術を教わることになった。暗室は二人がやっと入れるくらいの狭い部屋で、課長が親切に教えてくれるのはいいが、この狭い部屋でときおり課長の腕がなにかの拍子で私の腕に触れたり、指先が触れあったりすると、緊張のあまり自分の身体の細胞に電流でも走ったように、皮膚がぴりぴりと痛んだ。狭い暗室では課長の息遣いまでが生々しく伝わってくる。私はこの生々しいものにひどく嫌悪を感じていた。私は暗室を蹴やぶって外に出たい衝動にかられた。

課長は温厚で痩身な紳士であった。工作技師のT氏が、工作の課長だった彼を清潔好きだといって非難した人である。夫人は女優の原節子をもっと女らしくしたような人で、この夫妻は気品を持った似合いのカップルであった。課長は鉱山長の依頼などもあって、現場の仕事のほかに写真技術の仕事の方もかなり忙しかった。金山でなにかの理由で電気が故障して送電が止まると、電気課は金山から問合せの集中攻撃を浴びた。職員たちは大わらわで発電所に飛ぶ。その間も電話のベルがけたたましく鳴り響く。その受話器を受け取るのがいつも私。

「電気課か！　あと何分くらいで送電できるのか！」

「ハイ、ちょっと待って下さい。いま聞いて来ます」

私はそのつど発電所へ吹っ飛ぶ。あの耳をおおいたくなるようなタービン室の騒音は嘘のように静まりかえり、職員とタービンの運転員たちが機械のぎっしり並んだ中を忙しく立ちまわっている。

「あの……、採鉱から、精錬からもいつ送電できるのかと、電話がかかってきているんですけど……」

職員たちの殺気立つようすに、私はなにか言いにくいことを催促するかのように遠慮がちに訊ねる。

「まだ原因はわからん！　送電はいつになるか見通しは立たんと言え！　停電したからって、そう簡単に原因がわかるわけはないんだ！」

案の定、懸念した言葉が跳ね返ってきた。ヒステリックになって原因を調べている職員たちをあとに、私は再び事務所に吹っ飛んで連絡する。

「え！　まだ原因がわからんだって！　何をぼやぼやしているんだ！　送電がいつになるかわからんようじゃ困るじゃないか！　え、君、一分停電するってことはなぁ、金山にとっては莫大な損害につながるんだぞ！　君、わかっているのかい！」

受話器を手に怒号が飛ぶ。私は停電になるたびに、電気課の職員からも、外部からも怒鳴られっぱなしだった。電気課の人間なので仕方がなかったが、まるで故障を起こした責任が自分一人にかかっているようで、割りに合わない思いをした。

そんなとき、課長は決まっていなかった。

「課長、写真もいいですが、現場の方もお願いしますよ。少しは部下の身にもなって下さいよ」

職員たちの言い分もわからなくもないが、温厚な課長だけに、彼は鉱山長と部下との間で板挟みになり、いつも苦しい立場にあったようである。

炎天下の中、写真の焼付けのため、毎日午後に私は暗室に通った。焼付けは思ったより細かい神経を要した。電球の入ったガラス張りの小さな箱の上に、キャビネ板のガラスのネガを載せ、その上に印画紙を載せて焼き付けるのだが、焼き付ける秒を少しでも多くすれば、現像液の中で印画紙に写し出される画像は急に黒く浮き出る。逆にかけ方が少しでも早いと現像液の中に入れても画像がなかなか出ず、やっと写し出されてもその画像は弱々しく生気のないままぼうっと浮き出る。

暗室の中は熱気でむせかえり、おまけに液体のすっぱい匂いが充満している。私はその中で、瞬間瞬間の焼付け作業に懸命だった。

ある日暗室の扉を、外部からノックする音がした。

「どうだ、やってるかい?」

鉱山長の優しげな声がした。私は内心どぎまぎしながら、

「はーい。やってます」

暗室の中から私は大きな声を張り上げた。私の若い魂は無意識の中に、外界の者を拒もうとしていた。

「君、出来上がった写真の一部を、あとで鉱山長室に持って来てくれんかい」

「はーい、わかりました」

鉱山長の足音が遠のいていった。

鉱山長のことだけに、もしも「焼付けしているところをちょっと見せてくれんかい」などと

言われたらどうしようと思っていたので、私は鉱山長の足音が遠ざかると、暗室の中で大きく深呼吸をし、額の冷汗を拭いた。この鉱山長はいつも両手をズボンのポケットに突っ込み、気ぜわしく神経質そうな目を眼鏡の奥に光らせ、本部の職員たちとなにやら打合せをしていた。しかし、鉱山長の若い娘たちを見る目はかなり違っていた。現場で働く精錬の女たちや、私たち女子事務員に向ける瞳はいつもにこやかで優しかった。

暗室のあった炊事場のすぐ裏手に、金山の自家精米所があった。そこにわずかばかりの空き地があった。私は焼き付けた印画紙を、空き地の中にあったポンプ井戸のところで、大きなほうろう製の器の中に入れた。そしてまんべんなく水洗いをした濡れた印画紙を、空き地に植わっている木と木の間に紐を張り、一枚一枚、丹念に洗濯ばさみで止めて乾燥させた。乾燥し、くるくるに巻いた印画紙を家に持ち帰り、本の間に一枚一枚入れ、その上に火鉢をのせて重しをした。出来上がった写真は縁取りをしていちいちはさみで裁ち落とした。焼付けから出来上がりまでの作業は、時間のかかるものだった。私はその中で一番出来のいい写真を、幾種類か選りすぐって鉱山長室に届けた。鉱山長室は本部の事務所の奥の敷板を渡った別棟に、洋式の二階建てで建てられていたが、ここも旧御料局佐渡支庁として明治二十二年に建てられた建物で、いまなお現存している。

「ほう、君はなかなか焼付けがうまいね。こりゃ、写真助手としての成績は上々だよ」

鉱山長は相好を崩して、私の肩をぽんと叩いた。私はそうそうに鉱山長室を出た。

祭りの申込写真は十二、三種類にわかれていた。申込枚数は全部で五、六百枚はあったであろうか。私はこの膨大な枚数を、事務所の仕事を一応片付けた午後から、一ヶ月余りもかけて暗室に通いつめて完成させた。ある日、会計課の写真技術に長(た)けた中年の職員に「焼付けだけ覚えてもしょうがない。ひとつ写真の撮り方を教えてやろうか。やって見る気はないかね」と彼は三脚のついた大きな写真機を炊事場に持ち込んで来た。私は三脚の前に立って、頭からすっぽり黒い布をかぶり「はい、撮りますよ」などという器用な芸当は自分には向いていないことを知っていた。私はそっけなく断ってしまったが、正直いって暗室通いはもうたくさんだった。

炊事場の賄(まかな)いのおばさんたちは、私が写真の水洗いを毎日しているのを見ては、

「毎日、毎日、よう飽きもせんで根気よくやるのぅ。ホラ、昼食の惣菜(おかず)と汁のあまったのを少し残して置いたがのぅ、ここで食べなよ。なぁに、見られたって構やせんちゃ」

おばさんたちはあけすけしたいい人たちだった。

ここの炊事場は私が現場事務所に移ったころから始められたもので、本部の庶務・労務・保険・会計・用度の職員たちと、現場の課長・次長級・鉱山病院の医師らを入れた二十七、八人の昼食を賄っていた。炊事担当は大間の築港で働いていた元気のいい二人のおばさんだった。一人は四十歳なかばの明るい人、あとの一人は三十歳に近い人で、彼女は大間の築港で仕事をする前は町の旅館でお手伝いさんをしていた。当時の女優、高杉早苗を思わせるような人で、

小麦色のオークルの化粧がよく映えた。彼女がお手伝いさんをしていたころ、私は町中でよく見かけたが、彼女は際立って垢抜けていた。その彼女が大間の築港に勤めるようになり、絣の膝までの半纏をまとい、姉さんかぶりをし、鉱石や雑品を積んだトロッコを両手で押しながら構内を通っていた。百八十度転換した彼女の姿を、私は電気の現場事務所の窓越しからよく見かけ、その変身ぶりに驚かされた。やがて彼女は工作の木型部の大工で、立浪会の会員でもあった温厚で実直な青年と結婚した。しかしその彼はその後、日中戦争に出征して戦死してしまい、彼女は一人になってしまった。

彼女が炊事場に回されてきたころは、まだ新婚間もないころでよくのろけていた。

「うちの亭主はいい男だろう。気立てがよくってさ、男前でさ」

「そうだ、お前のことだもん、男を見る目が高いよ。だてに旅館で働いちゃいなかったし、鉱山などにも勤めに来はしなかっただろうよ」

「それじゃあ、おれが男あさりに働いているみたいじゃないかっちゃ」

「その通り、その通り。おかげでいい男みつけたもん、いいじゃないかよ」

「まぁ、そう思われても仕方ないがさ、実際そうかも知れんもんのぅ」

炊事場のおばさんたちは明けっぴろげに笑いあっていた。

私はその後もよく炊事場でご馳走にあずかったものだ。昼すぎに本部の事務所に書類を届けに行くと、棟続きの炊事場から炊き立てのご飯の匂いや魚の照り焼きの匂い、味噌汁やけんちん汁の匂いが漂い、いやが上にも食欲をそそられた。冬の寒い日、日本海から吹きつける刺すようなシベリア颪をじかに受けながら、かじかんだ手で書類を届けに行ったあと、昼頃をいいことに私はこの炊事場にちょっと立ち寄って、ご相伴にあずかったものだ。炊事場は女子事務員の昼休みの溜り場にもなっていたため、私たちはここで雑談しながら、惣菜が余ったからといってはよくご馳走になった。凍えた身体にけんちん汁のおいしかったことなど、私は炊事場のおばさんたちの暖かい心をなつかしく思い出す。

## 「相川音頭」と「若浪会」

この町には「佐渡おけさ」と並んで「相川音頭」というものがある。これは嫋々とした流れの多い佐渡おけさとは対照的に、終始毅然としたたたずまいを見せ、男性的豪放さと格調高い品位を持っている。「相川音頭」が「佐渡おけさ」ほど一般的に普及していないのは、端正で毅然とした落着きさが、にぎやかな一般的な祭りのイメージにほど遠いためではなかろうか。「相川音頭」は寛文のころから唄われ、「佐渡おけさ」よりはるかに古い歴史を持っているといわれている。

この「佐渡おけさ」と「相川音頭」をもっぱら国内に海外にと宣伝しているのが、地元相川の「立浪会（たつなみかい）」である。当時「立浪会」は創立五十二年を迎えていた。「立浪会」の踊りの創始者は、相川在住の曽我真一という八十四歳の温厚な老人であった。

彼はこの町の羽田（はねだ）で雑貨商を営んでいた。私たちの住んでいた頃は、間口の広い店先に、小唄勝太郎や市丸、音丸などの小唄歌手のカラー刷りのポスターが張られていた。この温厚な老人には、当時私より二級下の娘さんがいた。私はある年の正月、友禅の着物にお太鼓を結び、桃割れに紅い絞りの手絡（てがら）をのぞかせた彼女が、店を手伝っている初々しい姿を見たことがあった。父親に似た目元の優しいつつましやかな人だったが、卒業後間もなく病に倒れて亡くなったそうである。

雑貨商の当主だった彼は、若いころ民謡とはおよそ縁のない声楽を志し、浅草オペラの先駆であった赤坂ローヤル館時代に、田谷力三（たやりきぞう）のバックコーラスで舞台に立った経験もあった。明治四十一年に東京の商業学校を出て佐渡へ帰り、家業を継いだが、もともと声楽が好きだった彼はその夢が捨て切れず、家業を弟に継がせてもよいということで、再び上京した。そののち弟妹を若くして亡くしてしまった彼は、やむなく帰島し、親の後を継いで呉服・雑貨商を営んだ。しかし芸に対する執念は止みがたく、大正十三年に伯父たちが結成した「立浪会」に加わり、そこで三味線・笛・踊りなどの芸を真剣に習得した。その頃は若い青年が真っ昼間から三味線を抱えて町を歩いているというだけで、町の者たちから「この道楽者めが」とさげすまれたという。芸を覚えるのに、ずいぶん肩身の狭い思いをしたらしい。こうして長い年月、郷土民謡にかけた彼のひたむきな夢は着実に実りを見せ、「立浪会」は国内はもちろん、四十七年二月にはフランスのニースのカーニバルに招待されて佐渡おけさを披露したのをはじめ、翌四十八年にはフランスのディジョン市のブドウ祭りに招かれ、四十九年には全会員四十名のうち十二人を率いて、ソ連のモスクワに行った。一孤島の民謡が、彼と彼を取り巻く郷土の人々の愛郷心で、国際舞台にまで進出したのである。

この「立浪会」に続いて「若浪会」という女性だけのおけさ踊りの会も誕生した。「若浪会」の女性の踊りのリーダーは、かつて私の父が新潟の県庁から一緒に連れて来た佐渡支庁の官吏だった青年と結婚した人だった。新婚当時、夫婦で私の家に遊びに来たものだったが、彼女はすんなりした背にお太鼓を結んだ着物姿がよく似合い、新妻らしい初々しい姿で、夫のかたわらにいつも控え目に寄り添っていたが、その当時女学生だった私は、女らしく明るい顔立ちのこの女(ひと)に心惹かれた。

私は四十年ぶりに、東京在住の相川の町の人々の集う「東京相川会」で偶然彼女に出会った。彼女は若くして夫を亡くし一人になったという。このとき彼女がこの「若浪会」を結成した会長の夫人となっていて、彼女がその踊りのリーダーであることを知った。会場で彼女を交えた若浪会の巧みな踊りを披露してもらったが、あの当時の控え目な彼女を思うとき、こうした統率力と踊りの力量のある人とは思えなかった。相川の町の人々には祖先から受け継がれてきた踊りの伝統が、身体に染み込んでいるのかもしれない。

## 氏子まつり

この町は毎年六月に「氏子まつり」が行われた。

この祭りは小学校の子供たちが思い思いにその時代を風刺した水彩画を描いたり、標語を書いたりした紙を、角提灯（箱提灯）の上に張り、その提灯を浜辺の家々の軒下に吊るし、夕暮れどきになるとそこにロウソクが灯され、町往く人々はその提灯を見ながら、そぞろ歩くという風流な趣を見せた行事だった。

提灯は小学生たちがまつりの一ヶ月ほど前から作るのであるが、子供たちは作業する場所を提供してくれる家に学校が終わると集まり、毎日二、三時間ずつ手分けをして作業する。墨をする者、紙を切る者、糊を煮る者、食紅を買ってくる者などがいた。そして、その描こうとする絵をマンガ本などを持ち寄って描いた。絵は当時流行したのらくろ二等兵の絵であったり、さむらいの絵であったり、女の子は朝顔やあじさいの花などを優しく涼しげに描いていた。中には墨絵で描く者もいた。字のうまい子供たちは、家内安全、福は内、火の用心などの標語や、時局に即した祝皇紀二千六百年、うめやふやせよなどと書いた。出来あがった絵は、子供たちが近くの海で洗い清めてきた角提灯にていねいに糊づけされ、祭りに間に合うように、自分たちの住む町内の家々に配られた。そして「よみや」という祭りの前日、彼らは自分たちの描いた提灯の吊り下がっている家の軒を見てまわったり、隣の町内の友だちの描いた提灯の絵を自分たちの絵と比較して見たりして楽しむのだった。

私は潮騒の音を聞きながら、鄙びた浜辺の町の祭りを見て歩くのが好きだった。六月とはいえ、夕暮れどきの浜辺の町は薄寒く、浴衣を着た袖口のあたりから冷たい海風が吹き込んだ。さんじゃく帯を結んだ子供たちや、お太鼓を結んだうら若い娘たちも身体をちぢこまらせながら、美しく彩られた提灯を見て歩いた。海風に煽られて揺れるたびに、なつめ色した灯は美しい陰影を作り、夜のとばりの中に情感を漂わせていた。この祭りはどこかうらぶれたわびしさがあり、透明なほどの悲しみさえもひそんでいた。

## おんでいこ

町の秋まつりにおんでいこ（鬼太鼓）を打ち鳴らす相川祭りというものがある。

その昔、ある山師の夢枕に現われた一人の翁が、坑内でポトン、ポトンと落ちるしずくの音に合わせて舞ったという伝説のある「おんでいこ」は、この町（相川系）の総鎮守である善知鳥（うとう）神社の祭礼である。この神社は町はずれの春日崎の岬に向かって入る小高い丘の上にあった。よみやといって祭りの前夜から打ち鳴らされる太鼓の響きは遠く金山の道遊の割戸にまでもこだまし、五穀豊穣を祈る太鼓の音は、島の夜の静寂を破ってビシン、ビシンと力の限り打ち叩かれていた。それがそのまま、翌朝の本祭りへと続くのであったが、町中一軒のこらず邪鬼を払い除けて叩くという祭りは、当時（昭和十二、三年）で延べ十五時間余りもかかったという。

祭りは毎年大人にまじって厳しい審査を受けて選ばれた七人の小学生たちも参加した。その中の五人が烏帽子をつけた白鳥役で、あとの二人はたっつきと呼ばれる役で、これは上級生がやった。白鳥役の五人の子供たちは、白装束に五彩色の襷をかけた子供らしい姿であったが、その役といえば、たっつきをする上級生の子供たちに負けないくらいにきびしいものだった。彼ら子供たちは善知鳥神社、役場、正門（当時の佐渡鉱山）、御旅所などの標縄を切るときは必ず太鼓を叩かねばならなかった。おんでいこは一ヶ月前から年番（年行事）の家の前で行われたが、裏太鼓を叩く大人とのリズムが合わなかったり、舞う人（豆まき役）との呼吸が合わなかったりすると、祭りの当日でも大人たちが太鼓の下から足を伸ばして子供たちを蹴飛ばしたり、家に帰れと怒鳴ったりしたという。彼らはその厳しさにもめげず、そのいでたちも勇ましく、大人たちに混じって太鼓を打ち鳴らしながら、夜っぴいて町を練り歩いた。裏太鼓を打つ大人たちの太鼓の強い震動で、彼らの小さな身体はビン、ビンとしびれた。手足に豆はできる、空腹になるわで、大人でさえたいへんな祭りの行事を、子供たちは頬を真っ赤にふくらませ、汗にまみれながら深みゆく秋の夜長を懸命に最後の力を振りしぼって、太鼓を叩きつけて歩いた。このおんでいこは勇壮活発な祭りであった。

善知鳥神社の祭礼が過ぎるとやがて町に秋色が深まり、灰色の海原は暗くざわめき、海鳴りの音だけが妙に荒々しくこの町を包んでいった。秋の季節の短いこの島では、やがて迎える凍てつく冬の海の咆哮が迫っていた。

## 春駒

当時、相川の町の小高い丘の上にカトリック教会があった。この教会を司っていた家族の人々は、この町の知識階級といってよく、知力に豊み、品位を備えた人たちであった。当時の私は彼らを特異な存在で眺めていたものだが、この教会の子息のI氏から、私が『遠い海鳴りの町』を出版した直後、私の作品への感想とともに佐渡の郷土芸能といわれる「春駒」のことについてのコピーを送っていただいたのである。

「あなたのご本を拝見しました。なつかしい知っている家、人々のこと。私が生活し、経験したことの多くが、このような文章として残されたことに嬉しさを感じます。春駒のことを書いたものがありますので、コピーを同封します」とあり、「このうらぶれた芸に、小児時代の私は大人の感情を抱いて見ていたようなところがあります。春駒はいまでこそ佐渡の郷土芸能としてもてはやされていますが、当時（大正期）はその日の生活に困った人たちがこの芸をしていました。父は正月になると、ときおり春駒を家に呼んで踊らせました。家の門で、赤い面で顔を隠して頬かぶりをし、丸い小さな黒い笠をかぶり、駒の頭を前で結び、後ろに駒の尻のようなものをつけ、半臂（はんぴ）のようなものを着て、まことにおかしげな形で扇を使い、小さな鈴を鳴らしておもしろおかしく舞うのです。舞い終わると父は盆の上にのせたお米やあずきなどを差し出しました。踊り終わった彼がお寺の境内に腰を降ろして、各家で門付けをして貰った物を食べている姿は、そぞろ哀れさをそそったものです」と記してあった。

当時の彼は幼時期の鋭い感性で、この春駒のうらぶれた姿をとおして、特殊民として生きねばならなかった芸人の埋もれた哀れさをすでに感知していたのであろう。あの奇妙なヒョットコの赤い面をつけて踊る春駒の仮面の下には、おそらくは遠い先祖から受け継がれてきた芸人の哀しみの顔が刻み込まれていたに違いない。

春駒のいわれは、江戸時代の初め、相川の金銀山が繁栄をきわめたころに、大工や木挽たちを連れ込んで長坂という坂の両側に住まわせた、山師として天才といわれた味方但馬（みかたたじま）がもとになっていると風聞した。春駒の衣裳は彼が一日一度の金山巡視の姿だとか、その奇妙な顔は彼が晩年、顔面神経を患ったときのものとか、いろいろと言い伝えられているが、古文献にはそうしたことは書かれていないそうである。彼の書簡によるとこの町の瑞仙寺（ずいせんじ）に保存されている軸物の但馬は立派な風格をもった武家姿ということだった。

春駒は佐渡ではハリゴマといわれて親しまれてきたという。昭和初期ころまでは戸口から戸口へと、門付けをして歩いていたそうだが、春駒は門付けだけでなく、ごくまれには家の中に呼び入れられ〝宇治川の先陣〟などという芝居風の踊りも演じたそうである。

私は春駒についてあまり馴染みがなかったので、『遠い海鳴りの町』には載せていなかった。それゆえ彼はわざわざ春駒についてのコピーを送ってくれたのだと思う。

彼はこの書簡を私に送ってくれたそのころ、中国・朝鮮・日本の「江、河、川」についてそれぞれに呼称されているこれらの意味づけを研究していた。彼は中国・朝鮮に渡り、その国の識者たちに問いかけをしたが、実際のところは解明できなかったそうである。参考文献をもとにその後、彼自身が研究したという小論文のコピーをいただいた。「中国の江河と日本の河川」「朝鮮の江川と日本の河川」「江河の謎」である。これらの小論文は真説のつもりで書いたといっていたが、いずれ論文にまとめて発表するとのことだった。彼は当時、大手の会社に勤める技師で、学究家肌の一面を持つ品位ある温厚な紳士であった。

# 第四章

## 父の死

孤独といえばこれほどまでに痛ましい孤独が、かつて自分の上にあっただろうか。昭和十一年八月、父は脳溢血で倒れてわずか一夜にしてこの世を去った。母に起こされたとき、すでに父は口がきけなかった。私が二十歳の夏の日のことだった。

奥座敷の八畳間に裾を青色にぼかした白い麻蚊帳が吊されていた。父はその蚊帳の中で電灯の薄明りを受けて臥せていた。叡智に富んだ父の瞳が蚊帳に入った母と娘の方に向けられ、なにやら真剣に私たちに話しかけようとした。私たちはどんなにもどかしく父の言葉を聞きわけようと焦ったことか。父の言葉は言葉にならず、いたずらに空に消えた。母は取るものも取りあえず、近くの老医師の元へ駆けていった。

「父さんしっかりして。いま母さんがお医者さまを呼びに行ったの。しっかりして」

父の目から一縷の涙が静かに流れた。父の涙を見たのは、後にも先にもこのときが初めてだった。父は枕元に座った娘の手をしっかりと握りしめ、懸命に話しかけようとしている。しかし一体、どうしたというのであろう。私は父の手を反射的に放そうとしている自分に気づき、はっとした。突然父に手を握られた娘のはにかみだったのか。それにしても死に臨んだ父の手を、わずかながらも放そうとした自分の行為を、私はのちのちまでも思い浮かべ、父にすまないことをしたと悔やまれてならない。

父は一度引っ込めようとした娘の手を再び握り締め、真剣な瞳で口を動かしはじめた。父は突如として襲った死の試練に耐え、娘に言い残しておくべき言葉を、必死になって言おうとしていたのであろう。いやそれは死の不安と焦りの中で、逆に生き抜こうとする激しい父の生命（いのち）への執念だったのかもしれない。しかしその言葉は、いたずらに虚無の空間をさまようのみだった。父の半身はすでに不随になっていたらしく、その片方の手は父の意識とはまったく裏腹に、畳の上に力なく垂れていた。私は父のあがきをそこに見た。あのときなぜ、動く方の父の手に鉛筆を渡さなかったかと、私はこのことも悔やまれてならない。

「父さん、大丈夫よ。先生がすぐに往診に来てくれるわ。しっかりして……。じきに治るわ」

私は終始不吉なものを父の身辺に感じながらも、父の手を握りかえして言った。父は大きく頷（うなず）くそぶりを見せた。悲愴なまでの孤独と空しさが父娘の間に去来し、二人の間のなにかが大きく音を立てて崩れてゆくのを感じた。父は自分の言葉が言葉にならないことを知ると、静かなあきらめに近い笑いをした。死の予感が一瞬にして父をきびしい諦観に追いやったようである。父は私の手を放そうとはしなかった。父の温情を五臓六腑に感じ、二十歳の娘の細胞を切なく揺さぶった。せっぱつまった死を挟んだ空間の中で、父の瞳は静かな温容をたたえて、おろおろと動揺している娘の私に注がれていた。その瞳は「あとのことをしっかり頼む」と言いたげだった。私は父の静かな弱々しい笑みをそこに見た。

父は常日頃「俺は百まで生きてみせる」と豪語していた。医者にかかることを極度に嫌った父は、五十四年の生涯において一度も医者にかからずじまいだった。死に直面したその日、父は自分の意志ではなく、生まれて初めて医者にかかったのである。そしてそれが父の全生命を封じ込んだ運命の日となったのだ。死の数ヶ月前、肩の凝りを訴え続けていた父はいつも長女の私に肩を揉ませていた。父はそのころからときおり鼻血を出すようになり、耳鳴りがするとも言っていた。ときには痔でもないのに大量の出血があったと、母に訴えていたという。母はそのたびに「大切な身体です。お医者さまに見てもらって下さい」と父にしきりに頼みこんだという。

「なぁに、少々具合が悪いからといって、そう簡単に死ぬものじゃない。病は気からというし、放っておけばそのうち治るさ」と言って、父は最後まで医者にかかろうとはしなかった。いまなら、その症状から血圧が高いという判断は素人にでも察しがつくが、日頃健康で病気一つしたことのないわが家では、病気に対してひどく無頓着だった。実際世間でもいまほど血圧、血圧と騒がなかったせいか、私たちはそれが脳溢血につながる父の恐ろしい病であることを知らなかった。

死に臨んだ父の弱々しい笑みは「俺が我を通してきたことが、死を招く突破口になってしまったのかなぁ。これは取り返しのつかない失敗だったようだ」と諦観したのか、それとも「いや人間は大自然の中に生かされてきて生を全うし、医学の力を借りることなく、大自然の中で死に赴く。これが俺の持論であって、真の生を全うした人間の生きざまである」と悠揚と死に臨んだのかもしれない。それにしても死に臨んだ父のあの弱々しい笑みは、あまりにもわびしく静かだった。

やがて父は高いびきをかいて眠りに入った。父の意識はそのまま失われていってしまうのではないだろうか……。

玄関の戸が開いた。

黒い紬の着流しにカバンを提げた老医師が飄々として入ってきた。渋い枯れた感じの老医師である。父を診察し終わった医師は聴診器をおもむろにはずすと、

「惜しいことです。手遅れです。ご主人は悪い病気にかかられましたなぁ……」

と目を伏せた。脳溢血ということだった。

「先生、そんなこと言わずに助けてやって下さい。この通りです」

母は両手を畳にすりつけるようにして老医師に頼み込んだ。父は昏々と眠り続けていた。そのいびきはときには高く、ときには弱く、不規則に続いた。紬の両袖に腕を組んで黙り込んでいた老医師は、母の必死の願いを聞いてか、

「手当て次第ではなんとかなるかもしれませんなぁ」

と言い、氷で頭部を冷やすように指示し、大きな注射を一本打ってくれたように覚えている。いまにして思えば、その措置はほんの気休めだったのかもしれない。私たち母娘はこの老医師を神さまのようにありがたく思った。

私は夜の道を近所のふとん屋（この店は夏は氷屋を営んでいた）のガラス戸を必死になって叩いていた。ふとん屋のお内儀は夏の夜の寝入りばならしく、なかなか起きてくれない。隣家の老人がその音を聞きつけて店先に来てくれた。

「まぁ、お嬢さんどうなさいましたっちゃ、この夜遅くに……。えぇ！　お父さんが倒れられたんですって。そりゃ大変だ！　私が裏口に回って起こしてきてあげますっちゃ」

私は老人の温かいはからいで氷の一塊をもらい、むし暑い夏の夜道を泣きながら家に走った。母はせっせと浴衣を解いておしめ作りをしていた。父の病が長引くと思ったのであろう。父の高いびきは続いていた。生から剝離された眠りがそこにあった。氷嚢を当てた父の顔は研ぎ澄まされ、形のよい鼻梁が弱い電灯の光に陰影を落とし、引き締まった口元がときおりなにかを言いたげに動いた。幽明の境をさまよう人間のたじろぎであろうか。いや、父の全存在の中では、もはや私たち母娘の存在は遊離していたのかもしれない。荘重で神秘的ですらある父の顔を見ていると、私たちの住む現世がまったく愚かしい存在にさえ思えてきて、私は父との無限の距離を感じずにはいられなかった。

母は仏壇に明りを灯し「南無阿弥陀仏」と小さく唱えはじめた。母の細いうなじが悲しみのために深く垂れ、美しく見えた。母は神仏の奇跡を願っていたのだろう。私も神仏の奇跡を信じたかった。信じる深さによって父の生命が保たれるならと願った。私は母の背後にそっと座ると、阿弥陀如来像に祈りをこめて手を合わせた。毎日朝食の直前に、わが家では神棚と仏壇に手を合わせることが慣例になっていたが、いま父の死を目前にした私の祈りは、ひたすら神仏に救いを求める祈りに変わっていた。神仏に対しては功利的な祈りであってはならないし、それは邪教になるおそれさえもある。私は少々うしろめたい気持ちになりながらも、祈ることによって神仏の恩恵をこうむりたいと願った。苛酷な死に向きあっている父を救うには、神仏にすがって奇跡を待つしかなかった。

父の高いびきはいっこうに止むことなく、不気味さを漂わせて高く低く響いていた。そのいびきは海鳴りのうねりの底に吸い込まれてゆくようなうとましい響きにさえ聞こえた。蚊帳の吊手の一隅がはずされた床の間の脇の仏壇に先ほどから明りが灯され、母と娘の祈りが続いていた。むし暑いうだるような夏の夜長に、父を前にした死への不安とおそれの息苦しい時が流れる。縁側の雨戸の細く開かれた隙間から、庭の松の梢を通して陽の光がわずかに射し込みはじめていた。ときおり生ぬるい潮風が、青と白のぼかしの麻蚊帳の上を揺れて通った。すぐ涯下の裏浜から、海鳴りのざわめきがかすかに聞こえていた。

翌朝六時過ぎ、父の呼吸が乱れはじめた。氷嚢を取りかえに台所に立った母を、私は取り乱した声で呼んだ。父の喉仏がきゅうと上がったかと思うと、だらしなく横に垂れた。一瞬父のこめかみのあたりの血管がみみずばれのように隆起し、顔の筋肉が痙攣（けいれん）を起こした。脳の血管が切れたのだった。父の五十四歳の短い生涯は終わった。つむじ風のように突如襲った父の死は、私たち母娘を悲嘆の坩堝に押しやり、慟哭させた。しらじらと明け染めた朝のしじまの中で、父を失った深い孤独が尾を引いて流れていった。

父を亡くしたこの日の朝焼けの雲の様相が、いまも戦（おのの）くような不安と無気味さを持って、私に迫ってくる。

父の死の衝撃で、私は焦燥の果てに死者の部屋の雨戸を開けていた。海鳴りの音がにわかに響くのがわかった。その視界に突如として、黄土色と灰色をないまぜにした無気味な雲の群塊が空一面にのしかかるように鱗状になって広がっていた。その雲は、たったいま、昇天したばかりの父の魂を無惨にも呑みこんでしまったかのような残酷さで私に迫っていた。その雲の間から射す朝焼けの太陽の光が、たとえようもない妖気を漂わせていた。私はかつて雲の様相を、こんな形で受け止めたことがあっただろうか……。私は雲を見るのが好きだった。輪郭のはっきりした白い雲、薄墨色したいまにも泣き出しそうな雲の群像、紫や紅色のなよやかな雲、これらの雲は人間の心底を流れる喜びや悲しみを彩るかのように、微妙な色合いを見せて流れていた。私は移り変わる雲の流れの中に、ふるさとの山河に想いを馳せ、甘美な恋に酔い、青春の息吹を感じ、自分の未来像を託していた。しかしいま見る雲の群塊は、そのどれとも違っていた。私は黄土色と灰色をないまぜた、これほど強烈で無気味な色合いを呈した鱗状の雲をいまだかつて見たことがなかった。この形容しがたい雲の群像と、地底の果てまで永劫にやむことなく鳴る海鳴りの音を、私はなかば放心したように聞いていた。

この無気味な雲とそのとき聞いた海鳴りの音は、一連に父の死に繋がり、私の脳裡にのちのちまでも深い亀裂を作っていった。私は重い液体の流れのようなものに押し流されてゆく自分を発見し、ひどく狼狽し、その流れにおぼれまいと懸命だった。しかし私の内部で呼吸の音が高まってゆくにつれ、その苦しみに耐えきれなくなり、崩れるように黒ずんだ縁側の床に伏してしまった。

父の死の前日は日曜日だった。私以外の三人の弟妹たちは、その日の早朝に近在の姫津（ひめづ）という漁村の知人宅に遊びに行って、家にいなかった。彼らは急を聞いて翌朝帰ってきたように思う。奥の座敷の八畳間は整然と片付けられ、医師の検証を終えた父の遺体がひっそりと安置され、線香の匂いが立ちこめていた。父の顔はすでに白布でおおわれていたが、私はそこに痛いような父の精霊を見、異様な底冷えを感じた。母は一晩のうちに別人のように面やつれしていた。つい先ほどまで父の病を気遣っていた母は、父の額の氷嚢を取りかえたり、浴衣を解いておしめを作ったり、仏壇に祈りを捧げたりと、父に献身的に仕えていた。しかし、父の臨終を知った母は悲しみの感情が堰を切ったように流れた。

「お前さま、こんなに突然死ぬなんて……。私たち母子を置いて……、あんまりです、あんまりですが……」

子供たちを前にして父の遺体にすがりついてただ泣き崩れる母の姿は、断ち切れない夫婦の絆で結ばれた妻として、そして一人の哀しい女としての姿であった。私はそこに父の愛を受けて生きた女としての母を初めて見たような気がした。母は四十七歳であったが、まだまだ女の美しさが匂っていた。私たちも声を上げて泣いていた。

母の憔悴した姿は隠しようもなかったが、それでもしっかりとした態度で私たち四人の子供を促し、父の唇を水で湿してやるように言った。中学一年の末弟は父の部屋に入るのも、父の顔を見るのも怖いといって、どうしても父のそばに寄りつこうとはしなかった。実際、末弟ならずとも私たちは父の顔にかけられた一枚の白布が取り除かれる、その一瞬の異様な雰囲気を恐れた。母の手によってこの白布が取り除かれたとき、私はそこに死者の世界を垣間見たような気がして、思わずたじろいだ。深く閉ざされた父の顔は、黄土色した石膏のような硬さで冷たく研ぎ澄まされ、厳として私たちを寄せつけなかった。私はその峻険さにたじろいだ。私たちは母に続いてかわるがわる父の唇に脱脂綿に水を含ませて湿した。紫色に変わった石膏のように硬くひんやりした唇の感触、それは異様な死者の感触だった。私はこの感触を指先に感じ、思わず全身が総毛だった。父の肉体は、精神は、もはやわれわれ現世の人間を寄せつけようとはしなかった。その一滴の湿った水さえも。その水は硬い石膏のような顎をつたって、父の首筋に無気力に落ちていった。そこには、いたずらに父の外形をとどめた生なき物体が一つ横たわっているに過ぎなかった。

父の臨終で悲しみをあらわにした母も、そのあとすぐに気持ちを取りなおすと、さっそく隣家の老夫婦に来てもらい、支庁の人たちに連絡を取ってもらったり、遠い小千谷の親戚に連絡を取ったりして忙しく立ちまわった。家の中はにわかに賑やかになっていった。隣家の老夫婦が葬儀の細々したことを親身になってしてくれた。元看護師だったという県視学夫人が駆けつけ、父の下の始末をきびきびとしてくれ、支庁の職員たちもつぎつぎと姿を見せ、葬儀の準備に手を貸してくれた。台所では近所の人々がおおぜい手伝いに来てくれ、食器の音や煮物の匂いがしていた。奥座敷の父の白い柩の前には、美しい花々が飾られて線香が絶えることなく煙っていた。家の中は人々が忙しく往き交い、死者のことなど忘れたかのように賑わった。白々としたわびしさが私の胸を突いた。

母は悲しみを秘めた面差しで、人々と慇懃に挨拶をかわしていたが、急に気分でも悪くなったらしく、蒼ざめた頬を引きつらすようにして二階へ上がっていった。不吉な予感にかられた私は、母に続いて二階に上がった。母はしばらくすれば治るといって、天井の低い部屋に横たわった。蒼ざめた顔は冷汗で光り、母の身体に痙攣が起きた。支庁の夫人たちが心配して上がってきた。私の弟妹たちも心配して上がってきた。県視学夫人は「軽い貧血を起こされたようです。たいしたことはないでしょう。なにしろ奥さまは旦那さまに急に逝かれた心の痛みと、そのあとの責任を感じられたんでしょう。それに、このうだるような暑さでございましょう。いろいろな悪条件が重なりあって起きたんですよ。このまま静かに休まれていたら大丈夫です」

それでも私たちは大事を取って老医師に来てもらった。なるほど県視学夫人の言ってくれた通り、母は一時間もしないうちに回復した。私も弟妹たちも、父に逝かれて葬儀を控え、この母だけが頼りでいるのに、このかけがえのない母に逝かれたらどうしよう、という緊迫した不安におののいていたが、母の容態がおさまってくれたことで安堵していた。

八月の蒸したような暑さの中、部屋に屍臭がかすかに漂いはじめていた。その屍臭は時間が経過するに従い、なんとも言いあらわしようもないほどの陰気さで匂った。私は懸命にその匂いを避けようとしていた。

父を一夜にして亡くした私の悲しみの器に、異様な陰気さを含んだ屍臭が執拗に入りこもうとしていた。この悲しみの器には、私の幼年期から思春期にかけての父と過ごした貴重な日々の想い出がたたえられているのだった。この想い出の器は、いまは悲しみの器となってしまったのであるが……。

幼いころの父の教育はきびしかった。二つ違いの妹が生まれたとき、母は妹を抱いて寝、私は父の床に入って寝かされたという。しかし三歳になって間もない幼な子は、母恋しさに父の寝床から這い出て、母の枕元にその小さな頭をつけてうつ伏せになって寝たらしい。父は怒って幼な子の私の顔や口に霧をかけたという。母はそのやり方があまりに非道だと父を詰ったと聞いた。

小学校に上がる前の年、母方の伯母の家に家族で招かれた日のことだった。私は伯母の家の二階の手摺から過ってすべり落ちて大怪我をした。父は急いで私を人力車に乗せて病院に担ぎこんだ。私はその後しばらくの間、父の背に負ぶさって病院通いをした。この怪我で私の左目の下が大きく裂け、顔がお化けのように腫れあがった。父母は女の子だけにずいぶん心配したという。しかし父母の心配をよそに、私の目の下の傷は一糎くらいの三日月形の細い傷あとを残したまま癒えた。

私たちは悪いことをしたといっては、父から真っ暗い押入れに入れられたものだった。いたずら盛りの弟たちは柱に縛られたこともあった。母はそのつど父に抗議したという。父の教育はきびしかったが、子供たちが長ずるに従ってめったなことでは怒らなくなった。私が小学校に入学する前には、父は石盤と石筆を前にして、私の小さな手をとって私の名前を繰り返し、繰り返し教えてくれた。私の妹や弟たちの学校の勉強も父はよく見ていた。女学校に入って、私は父に一度ひどく叱られたことがあった。女学校の四年にもなっていながら、どんなことで父に叱られたのか、いまではいっこうに覚えていない。たしかそれは、学校へ行く前の出来事だった。私は父に叱られて泣きはらした目を人に見られるのが恥ずかしく、学校を休もうとしたが父は許さなかった。私はいやおうなしに学校へ行かねばならなかった。教室へ入って級友の視線が泣きはらした私の目に注がれたとき、私は父を恨んだ。

しかし、父は宴会でほろよい気分で帰った夜、ほかの誰の名前も呼ばずに私の名前を呼んで入ってくるのが常だった。父の肩を揉むのは私の役目だった。父の講演の原稿の読み合わせをするのも私の役。年賀状の硯の墨を摺るのも私だった。掃除の仕方や蚊帳のたたみ方なども、なぜか母でなく父が私に教えた。

父は煙草を吸いに夜中よく起きていた。吸い終わると火鉢の縁にキセルを叩いて鳴らすので、よく目が覚めたものだ。そのあと父は私たちの部屋に入ってきて、ふとんからはみだして寝ている子供たちの肩のあたりに、めいめいにふとんをかけなおし、軽く押さえるように叩いて部屋を出て行った。私はいつも眠ったふりをしていたが、父の温かさを感じていた。

父の葬儀は、遠く小千谷に住む伯父や伯母たちが来島するまで延期された。葬儀は伯父たちの着いた翌日おこなわれた。

八月さなかの気候はムシムシといきり立つように暑く、その暑さの中に屍臭がいやおうもなく白い柩の中から匂いたっていた。私は父の死の悲しみより、この名状しがたい強く鼻をつく屍臭に悩まされ続けた。母や伯父たちもこの屍臭をとうに感じとり、参列してくれた人々に申し訳なさそうだった。当時、ドライアイスなどはなく柩の中には氷だけだったのかもしれない。父の美しい想い出はもうここにはなかった。私はいまわしい屍臭を拒むのに懸命だった。異様で言いあらわしようもない陰気な屍臭に耐えかね、早く柩が家から出て行ってくれたらいいとさえ思った。いまここにあるのは、父の形にしか過ぎない。父の肉体でも魂でもない。空になった物体である。いま私は、父とはなんのかかわりを持たない一つの物体から漂う異臭を、いっときも早く払いのけたいと思うだけだった。

玄関の前には支庁の人々の手によってすだれがかかり「忌中」と書かれた紙が張られていた。近所の子供たちが物珍しそうにすだれの横から顔を出してのぞいた。奥の八畳間では先ほどから僧侶の読経が続いていた。僧の後ろで母の喪服姿が悲しみのために心なしか震えて見えた。やがて私たち母子は僧に促され、馴れない手つきで焼香した。そのあと伯父や伯母、会葬者とつぎつぎに焼香が続いた。家の中は線香の香りで充満し、屍臭もわずかながらにその臭いを消していた。

あれほど屍臭を嫌悪した私だったのに、読経が終わり、美しい生花に埋もれた白い柩が人々の手で玄関に運び出されたとき、まっさきに父の柩にすがって泣いた。母も私の弟妹たちも同じだった。二度と会うことのできない父を、この家から送り出さねばならない悲しみ。骨肉の情だった。伯父も伯母たちも泣いていた。

「お気の毒にのぅ……。なにしろ旦那さまに急な死なれ方されっちまって、奥さまも子供さんたちも、そりゃあ、諦めようたって、そう簡単に諦めきれるもんじゃないですっちゃ」

近所の人々の声がしていた。

やがて屍臭を漂わせた柩が家を出た。会葬者の長い列が日照りの町に続いた。

火葬場はこの町から近い小高い山の頂にあった。小さな粗末な火葬場だった。雑木林や灌木の繁みの中に立つこの火葬場は、真夏だというのになんと暗く湿った場所に建っていたことか。それでも火葬場の木の繁みからはるか遠くに日本海の夏の海が濃く深く静まりかえっているのが見えた。その海の彼方にさえ父はもういない。絶望の淵に沈む私に孤独が波打っていた。

父の柩は茶毘(だび)に付されるため、火葬場の中の鉄の扉の前に降ろされた。私たちは火葬場作業員たちに最後の挨拶をするよう促され、父の柩につぎつぎと合掌した。やがて火葬場作業員の手で重い窯の鉄の扉が開かれ、父の柩はその中に無造作にほうり込まれた。人間の終焉(しゅうえん)がこんなに無造作に扱われていいものかと、私は無性に腹立たしく悲しかった。父がかわいそうでならなかった。

鉄の扉が固く閉ざされた。やがて窯の中で柩がはげしくはじける音がした。恐ろしい音だった。私たちは父の遺体が茶毘に付される間、火葬場の麓にある小さな古寺で待つことにした。会葬者たちはそれぞれ帰っていった。私は坂を降りる道々、火葬場の高い煙突から煙がもくもくと上がっていたのを見た。父を燃やす残酷きわまりない煙だった。私は身を切られる思いでこの煙を見ていた。人間は死者に対してこうも残酷な行為をしなければならないのかと、胸が張りさけそうな思いだった。

古寺の屋根は苔むし、周辺の大小の墓石も森林の中で幾百年も経って苔むしていた。佐渡金銀山で酷使されて死んでいった無宿者たちの墓であろうか。こうした墓はこのあたりの寺に無数に点在していた。薄暗い本堂には阿弥陀如来像が安置され、いくつかの仏像が鈍い光を受けて鎮座ましましていた。普段めったに使われていないと見え、本堂の中はひどくカビくさい匂いが漂っていた。

長いことお寺で待った私たちは、火葬場に父の遺骨をもらいに行った。受け皿に乗って窯から出された父の骨は温かかった。その骨は貝殻のように軽く、さわるとさらさらと鳴った。火葬場作業員が長い箸で、これが喉仏、これが歯と説明してくれた。私は吹きこぼれそうな涙をこらえ、みんなと一緒に父の白い骨を拾い上げて真新しい骨壺に納めた。

むなしい現実が胸をついて込みあげる。白い布に包まれた父の骨壺を持って、私たちが火葬場の坂道を降りたのは夕方近くだった。ひぐらしが高い木々の間で鳴いていた。

私たち家族が父の死を現実として受け止めはじめたのは、むしろ弔問者が日を追って減り、世間の人々があまり父の死を口にしなくなってからといってよかった。父はわが家のどこにもいない。いやこの世のどこにも存在しないという不在感は、恐ろしいほど私たち家族を空虚な心にした。

父のいなくなったわが家に馴染むのは容易なことではなかった。家の前を靴音が通れば「あっ、父が帰って来たのでは」と反射的に思い、いくどとなく夢の中で会う父に、私は父の生を確認しようと懸命に自問自答している自分を見ていた。しかし夢から目覚めた時点で、そのすべてが徒労に終わったことを知ったとき、私は父の存在が絶望的なものであったことに気づき、あらためて深い虚脱感におそわれていた。

死の予告はすでに数ヶ月前からあった。父は周囲の人々に「これが最後」という言葉をよく使ったという。この町では毎年七月十三日から三日間にわたって町ぐるみの鉱山まつりが行われたが、これまで祭りに出たことのなかった父が、思いついたように母の腰巻きをまとっておけさ流しの群れの中に入って踊ったのも奇異なことだった。さらに、母の漬け込んだ梅干しの瓶(かめ)をつまずいてひっくり返したり、座敷の鴨居が上から落ちて吊り下がり、父がこれを支えたこともあった。近隣の人たちにいわせると、これらのことはすべて縁起が悪いことらしかった。私たちは父の死はきたるべくしてきたような暗示にかかっていた。

父が病に倒れた日、私の弟妹たちは姫津という漁村に友に招かれて遊びに行って留守だった。中学一年の末弟は姫津に行かず家にいたと後年になって聞いたが、私はそれに気づかないほど、突然の父の死に動転していたようだ。

その日私は日曜日とあって、日がな一日家で本を読んだり、父母とラジオを聞いたり、父が肩が凝るというので揉んでやったりしていた。

「せっかくの日曜日だ。お前も一緒についてゆけばよかったのに……。お前は相かわらずの出ず出ず(出不精の意)だからなぁ」と父は苦笑していた。

父の言うとおり、私は引っ込み思案で勤めから帰れば家にいることが多く、一人で山の中に入って住みたい、などと言って父母を困らせたものだった。友人もあまりいなかった。

それに比べて、妹は女学校時代、バスケットの選手で県の試合に出たこともあった。卒業時の成績も私よりはるかによかった。二人の弟も中学で剣道の段をそれぞれ取り、下の弟はのちに剣道三段まで取った。上の弟は首席を通した。長女の私は内気でなんのとりえもない娘だった。しかし、出不精だったお陰で父の最期の日に父と過ごすことができたことを私はしあわせに思っている。

私は夏の季節、蚊の鳴く音を聞くと父の死を連想する。

うだるような夏の夜に、悲しみに打ち震えて身もよもなく泣いたあのすすり泣きが、ぶぅんと耳元でかぼそい音をたてて鳴くあの切なげな蚊の音にも似て聞こえるのだ。実際あのとき、すすり泣いていた私たちの耳元で蚊が鳴いていたのかもしれない。

## 駆け急ぐ群像

私たちは昭和七年に佐渡金山の町に移り住み、四年後に父を亡くした。その悲しみは癒えたわけではなかったが、ともかく私たちはこの町に馴染み、地元の人のような感覚で相川の町に溶け込んでいた。

石扣町の家に住んでやがて気づいたことだが、私の家の前を朝な夕なに一日も休まず一人の精悍な顔つきの男が、夏でも冬でも木綿縞の単衣にわら縄一本を腰に巻きつけ、両腕をいかつく組みながら仁王立ちして歩いていた。年の頃は四十二、三歳であろうか。彼は絶えず口の中でなにやらブツブツつぶやいたかと思うと、急に演説調のゆったりした口調で話し出す。かと思うと、急に顔面を紅潮させ、目を吊り上げ、怒気を含んだなにかに挑みかかるような口調で激しくなじりながら通った。あるときは平静で、その精悍な顔に微笑さえ浮かべて通った。彼は決して人に害を加えることはなかった。

彼の家は濁川の浜辺近くの材木町にあった。彼が正常心を失ったのは、若いころ巡査にあこがれてたびたび試験に挑んだが、そのたびに落ち、その思いつめた心がついに彼を常軌を逸した世界へと追いやったようであった。背丈のある痩身の彼は、全身が赤銅色に日焼けし、その風貌は若き日の高倉健を思わせた。あるときは草履を引っかけ、あるときは高下駄をつっかけ、あるときは裸足で歩いた。いつも町中をのっしのっしと練り歩く彼は、決して自分の周辺に人を寄せつけようとはしなかった。彼は常に孤独だった。すでに正常の魂を失っていながらも、灼けつくような焦燥の世界に身を置き、虚無の空間で己の受けた屈辱の日々の傷跡をいっそう深くえぐっていたように見えた。

この島は、昔から巡査になることが誇りとされる土地柄であった。巡査志願の青年たちは、町中よりむしろ漁村の青年たちに多く見られたという。私の知っている青年に、近郊の小川という漁村から金山の電気課の臨時工として通っていた早瀬と言う温厚な青年がいた。その彼が巡査試験にパスし、金山を辞めることになった。ある日年輩の口の悪い臨時工が、

「おい、早瀬。お前いつの間に巡査になる勉強してたんだ。どうりで前々から仕事をとちってばかりいておかしい、おかしいと思っていたぞ。お前のサーベル下げた巡査姿がいまから見えてくるようだ。ペンチを腰にぶら下げるより、そりゃ、サーベル下げた方が恰好いいもんな。お前はサーベル下げた方がぴったりだ」

彼ははにかみながら黙って聞いていた。

「そうは言うけど、恰好いいだけじゃ、巡査にゃなれやせんちゃ。ここだよ、頭がよくなくっちゃなぁ」

彼を取り囲んでいた電工たちが言った。

「おい早瀬、俺たちが道端で小便しても大目に見てくれよ。昔、金山(やま)で同じ電工として働いていたというよしみでな」

さっきの口の悪い年輩の臨時工が、彼をからかうように赤銅色した顔を笑いでくしゃくしゃにしながら言った。色白でおとなしそうな彼は、少年のような顔をして照れていた。

私は彼らの会話を聞きながら、精神がまともでなくなった例の男が、かつてこれらの青年たちに追い抜かれたときに感じた苦汁と焦燥を、垣間見た思いがしたのだった。ピーンと張りつめた真空状態の中にあって、彼の心はついに分裂していったのだろう。私は一途に思いつめた男の荒々しいほどの情念を見ていた。

家の近くに弁護士一家が住んでいた。夫人は九条武子を思わせるような麗人だった。夫人にはたくましい息子たちがいた。長男はすでに新潟の旧制高等学校に籍を置き、弁護士として将来を嘱望される青年だった。この夫人の夫は生真面目な弁護士として通った人だったが、どうしたはずみか花柳病にかかって入院した。やがて彼は病院の食事にも警戒を示すようになり、一切の食事に手をつけないまま亡くなったという。それは昭和十年ころのことであったか。父がまだ存命中のことで、父はこの弁護士の死の数ヶ月前、公用で出張した帰りに乗合バスの車中で彼を見かけたという。父は顔見知りのこの弁護士に軽く会釈をしたが、いつもだったら必ず挨拶を返す人なのに父と視線があっても知らん顔で、おおぜいの乗客の中で気持ちよさそうに鼻唄を唄っていたという。彼はその後間もなく入院したらしい。

息子たちを抱えた夫人の生活は貧窮していたようだった。やがて息子の一人は金山に勤めるようになった。私は守衛として雇われたらしい彼を、正門の守衛室でよく見かけた。筋骨たくましい青年で、浅黒く日灼けした皮膚がいかにも清潔そうだった。黒縁の眼鏡の奥に見せる涼しい目元は、生活のかげりの片鱗すら見せない鷹揚さがあった。

夫人は金の工面を頼みに母の元をよく訪ねた。そのころは父が存命中だったので、母はわずかなたくわえの中から工面してやっていたようだが、その金額は知れたものだった。しかしたびたびとなるとそうそう貸すこともできなかった。夫人はあちこちの家を回って借り歩いていたという。染めかえた色あせた着物をまとい、欠けた前歯を隠すでもなくきびしい生活に追われながらも、さりげなく漂う気品と美しさは育ちのよさからくるものであろうか。鷹揚な笑いを見せ、母と話していた。しかし内面の葛藤は、急激に増えた夫人の深い顔の皺に現われていた。

花柳病といえば、この町のある老舗の中年を迎えた夫婦も、二人そろって開業医に通っていた。自然と人々の注目を引くようになったが、二人とも風采がよく品位があった。昭和六年に満州事変が勃発し、九年ころにはこの町にも灯火管制が施行されたが、それは形ばかりのものであった。十二年に日中戦争が始まるまでは、しょせん海の向こうの他国相手の戦争と、人々はまだ身近に戦争の意識を感じるようすもなく、悠々自適の生活を楽しんでいた。そんなこともあってか、この小さな町にも花柳病にかかる人がいたようである。

昭和十一年八月に父が逝くと、じきに私に結婚の話があった。これまでいくつか持ち込まれた縁談は、父に死なれたばかりで生活するのに精一杯で、まだまだ娘は離せないということで母は断っていた。生前父が元気だったころに土木技師からの話があった。相手はこの町のある大きな老舗の御曹司で、彼はそのころ佐渡支庁の土木課に勤めていた。同じ支庁とのことで父はある日、その青年と会ってみることにした。背丈があり色も黒かったが、眼鏡をかけたその青年は少し温和すぎて父の理想に適わなかったとみえ、その話は流れてしまった。ところが、父の死後に再びこの話が出て、相手方は私たちが生活できなければ一家全員で家に住んでもらってもよいとまで言ってくれたが、母はそうした親切は心苦しいと遠慮した。私はその青年と思われる人にときどき町で往き交うことがあった。なるほど、色が浅黒く背丈のある痩身の青年だった。どうして自分のことを知っていたのか、私は不思議だった。

そのころの私は自分の結婚についておよそ無関心で、他人ごとのように思っていた。父を亡くして、経済的に結婚は望めなかったこともある。そんなこともあって、私はこの青年に町で往き違っても、取り立てて思うほどの感情はなかった。青年はその後、この土地のある老舗のたいへん日本的で美しいお嬢さんを嫁に迎えた。しかしそのお嬢さんは新婚の夢にまどろむ間もなく、ある夜突然家を出て、町はずれの街道の一本道をすたすたと歩き、中山峠を越えて隣町に着くと、暗い日本海に身を躍らせたという。彼女の悩みがどんなものであったか知る由もない。それは大変な悩みであったに違いない。純真無垢な娘の精一杯の抵抗だったと思う。私は後年になって人づてにそのことを知った。薄く青ざめた頬に、大きな黒い瞳がわびしそうに濡れたその人のことを、私はよく知っていた。彼女は彼女の家柄からしても深窓の麗人だった。私がもし仮に、その青年の元に嫁いでいたら、彼女にこんな悲劇を負わせなくてもよかったのでは、と悔恨めいた気持ちにもなった。しかしそういう私にしてみても、その後に展開された私の人生の軌道は彼女に負けないくらいのものだった。もともと、たった一度の見合いでそぐわぬ心を抱えたまま東京に嫁いだ私だったが、不合理な夫婦の在り方の中にあって、私はいくたび人生に疑問を抱き、たじろぎ、ひしゃげた気持ちになっていたことか。しかし、私はわら一本の希望を捨てようとはしなかった。女の宿命的業の中にあって、一つの執念をもって生きようと試みた。人生も長いこと経てば、死ぬほどに思いつめた葛藤も嘘のように洗い流されてしまうものです、と私は死んでいった彼女に「なぜもっと強く生きて下さらなかったのですか」と問いたかった。

青年はその後再婚し、新潟県のある大きな地方都市の土木所長に栄転したそうだが、そののち若くしてガンを患い、亡くなったという。

私はこの二人の人生ドラマが、愛の葛藤を経て荒々しい光の中を通り過ぎていったような絶望的な気持ちになるのだった。

女学校時代の私のクラスに思慮深い眼差しを持った友人がいた。彼女は頭の冴えた毅然とした態度ではあったが、優しい物腰と言葉を使う人で、私は特別親しくしていたわけではなかったが、そういう彼女にひそかに敬愛の念を抱いていた。卒業後、彼女は東京のある有名なデパートに店員として勤め、そこである青年と恋をした。しかしその恋は成就しないまま、彼女は傷心の身で実家に戻った。突き離された孤独の中で、彼女は思慕の情に打ちひしがれ、不安と悲しみにおおわれた日々の中で、次第に追いつめられ、ついに正気を逸したのであった。彼女は、自分の着ている衣服を手で引き裂き、ぼろぼろにし、町中を髪を乱して裸足でわめいて通ったという。やがて彼女は家の座敷牢で正気を失ったまま死んでいったと聞いた。あの優雅な気品とノーブルな雰囲気を持った彼女は、クラスの中でも際立って美しい存在だった。その彼女が自らの魂に挫折の刻印を捺して逝ってしまうとはまったく信じられないことだった。彼女の若い純粋な魂は、思考は、ぶつかる場所のないまま、内部ではげしく燃焼し、途方もないほどの葛藤を見せ、分裂していったのであろう。私は彼女の中にひそむ純粋な愛のもたらした意外性を発見し、大きな衝撃を受けたのである。

私のクラスにこの町の由緒ある家の娘である級友がいた。明るい性格の持主で、色白ですんなりした背丈のある彼女は、長い黒髪を一つにたばねて組編みにし、その黒髪の先を手でもてあそびながら話す癖があった。高調子で少し早口に喋る人だったが、その優しい瞳の奥に熱帯の花を思わせる情熱がひそんでいた。華やかな性格だっただけに、異性との噂も立ちやすかった。

卒業して一、二年後、彼女は私より遅く、金山の観光案内係として夏の期間だけ臨時に入社してきたが、その季節が終わると金山の分析課の事務員として採用された。

夏の日の午後、本部の事務所に書類を届けに行く構内で、偶然私は彼女に出会った。白いブラウスに紺色の長いスカートを身につけた彼女は、笑顔を私に向けて近寄ってきた。

「あののぅ、こんなこと突然言ったりして、驚かんでくれえちゃ。私のぅ、この秋に急に結婚することに、なったんだっちゃ」

「え！　ほんと、おめでとう。そして、急にどこへお嫁にゆくの？」

「ウン、それがさぁ、少し遠いところなんだがさぁ。どこだと思う？」

彼女の瞳が輝いた。

「ほんとうにどこなの？　結婚するからって、そんなにじらさないで」

「へぇ……、じらさせんちゃ。それがのぅ、台湾なんだがさぁ」

「まぁ、台湾。そんな遠いところに、ほんとうに行っちゃうの」

彼女は私の驚きに、満足そうにうなずいて見せた。

「台湾ってとこはのぅ、毎日スコールが降るんだってさぁ。午後の三時ころかな、ザァッと降ったと思ってもすぐ止むんで、日本みたいに湿度がなくって、暑ぅても、さっぱりしているんだって」

「ほんと、そんなに素晴らしいとこなの」

「こんど私がお嫁に行ったら、台湾に来てくれぇちゃ。大いに歓迎するからさぁ」

彼女は自分の身に降って湧いた強く輝くしあわせを、そのままの心で私に語った。

しかし秋も近いころ、この話は彼女のあることがらによって流れてしまった。そのことがらとは、彼女はすでにある人の子を身籠もっていたことだった。相手の男は採鉱で働く坑員であった。彼女は結局彼の元へ嫁ぐことになった。この青年の実家は上町に小さな駄菓子屋を営んでいたという。彼はときおり採鉱の山から降りてきて、工作の現場事務所に来ることがあった。腰に白い手拭いを下げ、さっぱりした作業服をまとった長身の彼は、現場職員とよく話していたが、その話しぶりは率直でさわやかだった。彼の風貌からはおよそ坑員というイメージは湧かなかった。東洋的な浅黒い皮膚と太い眉、たくましい体軀、それでいて澄んだ瞳に見せる少年じみたはにかみ、その清潔なさわやかさはどこからくるものかと一瞬いぶかるほどだった。

彼女の結婚生活は夫を金山の坑内に送り出すと、身なりかまわず姑に仕え、駄菓子屋の店を手伝う暮らしぶりだったという。夫と一つ屋根の下で暮らす喜びの日々が彼女に続いた。やがて二人の子供に恵まれたが、坑内で働く夫は、昔から鉱山病といわれている〝ヨロケ〟（珪肺）という病にかかり、彼女の懸命な看病もむなしく、若くして逝ってしまったという。彼女の生活は極度に貧窮していった。彼女は貧困の生活の中で、姑に仕えて二人の息子を育てた。しかしその彼女も夫の看病によって病をうつされたのか、夫と同じ病に倒れ、短い生涯を終わったのである。彼女は妻として母として嫁としての苦渋があったにせよ、その生を完全に燃焼したのではないだろうか。

佐渡金山の町である相川の簡易裁判所に、若いころ勤めていたというTさんという婦人から、私の元に一通の分厚い手紙が寄せられた。彼女は現在新潟県下のN市に住んでいるという。相川の簡易裁判所に勤めた彼女は、つぎつぎに県下の簡易裁判所へ配属され、最後に新潟県のN市で停年を迎え、そのままN市に住んでいるということだった。みずみずしい文体で書かれた手紙には、次のようなことがしたためられていた。

「なにげなく立ち寄った本屋で、あなたさまが書かれた『遠い海鳴りの町』がふと目に止まりました。帯に〝佐渡金山の町の人々〟と書いてありました。あんなに私の心を揺り動かし、そして自分ではとうてい思い起こすことのできない昔のさまざまなことにめぐりあえるなんて、ほんとうに夢のようです。いまは海の見えない町で明け暮れていますが、海は私の心の中に永久に住みついている安らぎでもあり、恨みでもあります」

　こうした書き出しで、Tさんは自分の両親と祖父母との家族のしがらみを綿々と書き綴って寄せたのである。

「私は昭和四年に相川で生まれました。あなたさまがお住まいになっておられたすぐ隣町の小六町というところです。私が六歳のとき、母は下の弟を生み落とすと、三十二歳の若さで死にました。私は祖父母の手で育てられました。父はもともと素行が悪く、また最愛の妻を失ったショックですっかりぐれてしまい、大工の仕事に出ても人と折合いが悪く、けんかを吹っかけては家に帰り、祖父母と絶え間なく言い争いをしていたようでした。なんでも私の家はこの島でも名のある棟梁であったらしく、有名な建物は祖父の手によるものが多かったと聞いており、盆暮れには数人の弟子たちがお灯明を上げて棚詣をしていた姿が眼に浮かびます。羽ぶりのよい全盛期の祖父は、両手の指に金の指輪をきらめかし、和服姿で茣蓙(ござ)打ちの下駄をはき、肩で風を切って歩いていたそうで、祖母にも相当ぜいたくをさせていたようです。人づてに○○さんのバァは丸帯を三十二本も持っているということを私は聞いたことがあります。その祖母も入婿の祖父の女遊びにこれまた相当難渋したようです。

祖母は明治十一年生まれの五黄の寅年だそうです。晩年目が不自由になっても、針仕事の手をゆるめない人で、できあがった着物の〝敷押し〟をしては私に座らせていたものです。勝気なところのある半面、人に親切で、その日の米を小声で借りに来る人を、私は子供心に見ていました。

〝五黄の寅〟という言葉を私が知ったのは、父が祖母に悪態をつくとき、必ず「ごおうの寅めが」と噛みつくように怒鳴っていたからです。でも私にはとてもいい祖父母で、食べたいもの、着たいものをなんでも買ってそろえてくれました。

あなたさまの書かれた〝氏子祭り〟で、私はどうしても忘れることのできないことが一つあります。それは私が三、四歳のころ、ハシカにかかっているのに、急に母が私を背負って提灯の灯った町を通り抜け、浜へ降りて行くのです。母のすすり泣きは激しくなり、子供心に異様な空気を感じたものの、海の中に母が入って行くとは想像できませんでした。波の音が暗い海にひときわ重く、母の嗚咽がたかぶる中で、私は無性に母のお尻を蹴飛ばしていました。私は恐怖のあまり、足をばたつかせながら泣き叫んだようです。

死から逃れた母と再び箱提灯の灯る町並みをよろめくように歩きさまよった姿を、いまだに忘れることができません。きっと、グータラの夫と姑、舅（しゅうと）との板ばさみになって、悩みが多かったのでしょう。おとなしい母は口ごたえのできない人でした。母はその後も床に伏しながら何度も自殺を図ったらしく、町の消防団が下相川の浜まで出向いて行ったこともあるようです。
町の話題になった父も、いまから十年ほど前にさまざまなエピソードを残して死にました。いまだから言えますが、私は父を殺したいと何度思ったかしれません。けれども、父が死んだときお悔みを言う人がいないのを悲しく思ったものです。みんなが申しあわせたように「父ちゃんが死んで、おめいたちどれだけ助かるかも知れんのぅ」と言いました。こんなとき、佐渡の人のお悔みの言葉は「だんだんお淋しゅうございましょう」というのが世間一般の言葉ですが、誰からもこの言葉が出なかったということは、子供としてとても淋しいことでした。そして父をこれほどかわいそうに思ったことはありません。考えてみると、父も崩れやすい気弱な人間であったように思います。傷つきやすい人間であったのです。どうにも避けがたい人間の業のようなものが取りついている家柄なのかもしれません。家の財産は父によってみんな手離されてしまい、祖母が自慢した帯も着物も、父が売り飛ばすはめになりました」

私がTさんの手紙をここでつぶさに紹介させてもらったのは、彼女を取り巻く肉親の業、ことに家庭内で男に支配されて生きなければならない女の悲しいまでの業に、自分自身を置き換えていたからでもあった。Tさんのプライバシーにかかわる手紙ではあるが「すでに遠い昔のことです。どうぞお書きになって下さいませ」と、快く了承していただいたので、ここにこうして書いたのである。

私自身も結婚してからの人生は、彼女のような挫折の多い経験を数多くしてきたが、彼女は私の経験した多くのことがらをすでに幼くして知っていたのである。素行の悪い父に家の中を掻きまわされ、しかも母を自殺にまで追い込んだ父を憎みながらも、彼女は世間の人々から侮みの言葉一つかけられなかったことに強いショックを受け、父を哀れんでいる。骨肉の情であろう。私も夫の死で彼女と同じような思いをしている。彼女のつじつまの合わない切なさ、悲しみがよく理解できるのである。酒に飲まれた男の生活は常識を逸し、破滅へ向かって奔流のように突き進む。家庭の秩序は破壊され、光のかけらさえない悲惨さに追い込まれる。男の一徹さで、私も長い年月にわたって酒癖の絶えぬ夫に辛酸を舐めつくされてきたからであった。

# 第五章

## 夫婦の軌道

私たち家族は父を亡くした四年後に、住みなれた佐渡金山の町を引き揚げ、生まれ故郷である小千谷に帰った。その後二年近くをこの町で過ごしたが、太平洋戦争の火蓋が切られた真珠湾攻撃のあった昭和十六年十二月八日から間もないその月の二十四日、私はたった一度の見合いしかしていない見知らぬ男の元へ、茫々とした想いを抱いて上京し、結婚した。その日は凍てつくような寒い日だった。それからの三十六年間という長い結婚生活は、ある一時期を除いて夫の酒癖による気の遠くなるような葛藤の日々の連続だった。

夫は東京の六大学の一つを文部省（いまの文部科学省）から奨学金を授与されて卒業しただけあって、博識の男だった。

夫が見合いのために初めて小千谷のわが家へ両親とともに訪れたとき、黒縁の眼鏡に鉄色の分厚いオーバーを着込み、革製の黒いカバンを提げ、灰色の山高帽をややそらしぎみにかぶって現われた。小柄で肩幅のある生真面目そうな男だった。彼には一見、時代を遡った旅商人を思わせる雰囲気があった。黒縁眼鏡の奥に微笑を浮かべた彼の瞳が優しく知的に澄んでいたのが印象的だった。私は彼との結婚の意志はその時点では毛頭なかった。しかし結局は、大人たちのいろいろなしがらみによって、自分の意志表示もできず愛情も感じないまま、私は結婚へと押し流されていった。

結婚して一週間目の大晦日の朝、私はそっと寝床を抜け出して、西も東もわからない東京のしぐれた街を無我夢中で井の頭線に乗り、省線（国電の旧称）に乗換え、上野駅で上越線に乗って雪深い小千谷の実家に逃げ帰った。夫の元を離れた理由の一つとして、生まれて初めて知った夫婦生活の在り方に怯えたこともある。しかし私は、翌日東京から迎えに来た夫にていよく連れ戻されてしまった。「もう一度上京し、上司や親戚への挨拶回りを済ませれば、いつ帰っていただいても結構です」と夫は言った。しかし上京後、私は夫の両親になだめられ、哀願されたため、ここにとどまるしかなかった。抜き差しならない運命に順応し、結婚に対しての不安、嫌悪を取り除いて試練に耐えなければならなかった。それはきびしい諦観だった。連れ戻された私を夫は優しく親切に扱ってくれた。新居に当てられた北沢（きたざわ）の家の近辺を、休日になると一緒に散策したり、親戚や上司への挨拶回りに行くときはまだ東京になれない私に電車の切符を買い与えてくれたり、行く先々の街のようすを柔らかみのある声で優しい眼差しを向けて丁寧に説明してくれた。夫は姑に対しても私のことを「いじめないでくれ」と言い、姑を怒らせたこともあった。しかしそうした夫の親切にも私の心はどこか空虚で満たされないでいた。

太平洋戦争下、私はつぎつぎに子供に恵まれた。そのころの夫は丸の内のある大会社に勤務していたが、酒もタバコもたしなまない仕事一筋の男だった。会社での才覚を見込まれた夫は、近郊都市にあった直系会社の工場長に抜擢され、赤字経営の工場を黒字に転換させた。それに気をよくしてか、夫は周囲の反対を押し切って会社を辞め、自宅の一部に事務所を設け、四、五人の従業員を使って機械関係の事業を始めることにした。事業は順調に伸びていった。すべての面で理路整然とわかりやすく説く夫は、夫と同じ業界の人々から、いつしか先生、先生と尊敬され、なにかと相談に乗っていた。物事を頼まれると一手に引き受ける性格で、他人の面倒もよく見た。そんな人の良さが災いしてか、騙されたことも多かった。事業は順調に伸びることもあったが、不調の続くことも多かった。そうした中で神経の消耗も激しかったのであろう。夫はいつしか酒やタバコをたしなむようになっていった。夫の事業が行きづまりをみせるようになってから、私はアルバイトに出たり、タイプを習得して注文取りに歩き、お得意を取って家でタイプの仕事に励んだ。そのかたわら他社の経理の仕事の注文も夫が取ってきたりしたので、これもこなした。家に大学生を下宿させ、彼らの面倒も見てきた。

そのころから事業の成績の良し悪しにかかわらず、夫の酒癖との長い葛藤が続いた。変貌してゆく夫を見るのは辛かった。夫の酒による行動は、酒に依存した排他的でエゴイスティックなものだった。毎夜、理屈の通らないささいなことに言いがかりをつけ、その口調は夜のしじまの中で一層激しくなっていった。夫は自ら選んだ孤独の道を、滅びに向かって突き進んだ。私はそんな生活の中で、乾いた心ではあったが、夫を慰め、励まし、哀れんだ。と同時に、夫を憎み、いさかい、そしておののき震えた。一升瓶を前に、夫は酔うほどに他人のことであっても見境なく連綿として誹謗した。それはきまって従業員の帰宅したあとの夕方から明け方近くまで続いた。それでいて翌朝、事務所に入ってからの夫は通常の精神に戻り、従業員を思いやり、仕事もテキパキとこなしていた。子供たちをも巻きぞえにした夜のしじまの中の猛々しさは一体なんだったのであろうと、私はいぶかった。

夫の毒舌は二十年の長きにわたってとどまるところを知らなかった。その激しさに堪えかねた私は、娘と一緒に夜の街をいくたび彷徨(さまよ)ったことか。郊外にアパートを借りて家を出たこともあった。夫は子供たちに対しても特別に愛情をかけることはなかった。仕事一筋の男で、妻や子供たちに向ける夫の眼は常に異様にぎらぎらと光っていた。明け方近く、いつもの毒舌のおさまったあと、夫は髪を乱して小さくちぢこまって寝ていた。小柄な夫の姿はなんともあわれだった。酒焼けした夫のそげた頬に深い黒ずんだ影が落ち、その影は自らを自滅に追いやっているあがきの影にも見えた。苦渋に満ちた寝顔に、弱く揺らぐ精神の乾きがあった。私はその夫の孤独の影を見逃すわけにはいかなかった。悲しい女の業であろうか。私は夫の背にそっと毛布をかけてやりながら、踏まれてもののしられても夫に尽くそうと思っていた。夫に対する愛が私にはあった。この酔いどれた夫を自分以外に誰が面倒を見るだろうかと……。愛というにはあまりにも報われない愛ではあったが――。数十年にわたる夫との葛藤の日々は、私にとってまさに生きることの試練であった。同時に宿命を生きなければならない強さも私に与えてくれたように思う。一人の男の内面にひそむ複雑さ、やさしさや哀しみ、怒り、矛盾。正常と逸脱した精神の領域。夫のこうした精神の機微に翻弄（ほんろう）され、あるときは強く対峙し、あるときは愛しさとも哀しさともつかない心で涙した長い結婚生活であった。

夫が五十五歳で事業を辞めて、すでに一年が経っていた。酒の後遺症が出たのか、夫は何事にも覇気がなく、無口になっていた。医師に見てもらったところ、軽い脳梗塞とのことだった。夫は酒も口にしなくなり、荒ぶれた精神はすっかり浄化されたように静かな表情の中に消えていた。このころから軽い認知症の症状が始まっていた。夫は新宿区役所の園芸教室に通うかたわら、歴史・俳句・書道・墨絵なども教わっていた。帰ると講師に教わったことをノートに細かく書きとめていたが、その文字は以前あれほど達筆で堂々としていたのに比べて、ようやく解読できる米粒ほどの文字でしたためられていた。しかし墨絵は上質の和紙を使って水仙の花などを繊細に描いていた。「あなたにこんな絵の才能があったこと、知りませんでしたわ」という私に夫は静かに微笑みかえした。園芸教室に通っていたころ、近所に住む老婦人が村山リウを講師に招いた『源氏物語』の講座に夫と一緒に出席したが「お宅の旦那さまは教室の一番前に陣取るのはいいんですが、講義中に席を立って廊下に出たり、戻ったりでいっこうに落ち着かないんですよ」とこの婦人は苦笑して話してくれた。

夫の認知症の症状はだんだんと進んでいった。

夫が園芸教室でもらってきた、夫の好んだ優しい花々を鉢に入れて庭で育てていたが、夫は家族の眼を盗んでこれらの花々の鉢を座敷に持ちこみ、炬燵（こたつ）の上にのせてあった炬燵盤を畳の上に降ろすと、その上に鉢をのせてジョウロの水をたっぷりかけていた。あふれた水が炬燵盤をびしょびしょに濡らして畳に流れ出た。私は急いでタオルを重ね、何回となく拭いていたが、夫はそのかたわらで人ごとのように素知らぬ顔で突っ立っていた。

翌年、長男夫婦に子供が生まれた。女の子だった。たまに訪れる孫に、夫は孫と一緒にオモチャで遊んだ。これまで自分の子供には見せなかった風景だった。柔和な笑みを浮かべて孫と遊んでいる姿は、むしろ奇異な感じすら家族に与えた。それはわが家に平和が戻ったという実感と、これまでの症状から夫が病にかかってしまったという愕然とした感慨でもあった。

私は無口になってめったに口をきかなくなった夫に、つとめて言葉をかけた。夫の声はしわがれ、少しずつ吃（ども）るようになっていた。心配になった私は入院させなければと、夫を連れて医師の元を訪れた。医師は「あなたの名前は何というんですか。言ってごらんなさい。生年月日は？」と訊ねた。

夫は私の縫った小ざっぱりした浴衣に、さんじゃく帯を結び、背筋を伸ばし、やや上気した顔で診察室の椅子に先生と向きあって腰かけていた。夫は小学生のように緊張した表情を見せ、小さなかすれた声で間違いなく医師の問いに答えた。

「よく言えましたなァ」

医師は椅子にかけた夫の肩に手をおいて言った。夫は童心に返ったような澄んだ瞳を医師に向けて微笑んだ。私はこうした夫を見るのがしのびなかった。このごろの夫を見ていると、かつて異次元とも思える世界で生活をともにしたあのころの激しさ、おぞましさが嘘のようにさえ思えた。

医師は「これだけ意識があれば、まだ入院は必要ないでしょう」と言ってくれた。夫の闘病生活は五年もの長きにわたって続いた。その間、夫の一挙一動に気を配りながらではあったが、なんの虚勢も張らない夫との生活は、私自身も夫と同様に安らぎのある生活だった。

夫は五十二年十二月五日、童心に返ったような無垢な安らいだ表情を見せて病院で亡くなった。六十四歳だった。死を前にした澄みきった瞳は、この世のものとは思えないほどに崇高で、しかもやわらぎに満ちていた。しばらくの間、その瞳を虚空に泳がせ、別れを告げるように細い手をわたしたち家族に差しのべたあと、ややあって夫は静かに眼を閉じた。死というものがこんなにあっ気なく来るものかと思うほど、その死は苦しみもなく悠揚と生命を成就して神に召されて逝った。私はこれまでの張りつめていた心が急にゆるみ、悲しみとともに霧のような疲れがどっとあふれた。

夫を亡くした日々の流れのなかで、たとえようもない喪失感が私をおそっていた。片方の翼を取られた飛べない鳥のように。それは私が想像もしていないないほどの虚しさだった。

夫が晩年なごやかになったとはいえ、苦しみに呻吟していた結婚生活。そうした中でも一心に生き抜けたのは、矛盾しているようだが、夫の存在があったからこそなのだと思う。あの混沌とした世界を、あの屈辱的な日々を、そして晩年病に倒れた夫とのなごんだ日々の一時期を、夫と洗いざらしの心で生き抜いてきたという実感。紆余曲折した人生をともに歩み続け、曲がりなりにもそれを全うしたという感慨と充足感がいまの私にはある。おそらく夫の内部にも私と同じ感慨があったのではないだろうか。そうあって欲しいと私は思う。

# 第六章

## 佐渡金山大縮小の譜

昭和十年前後から私の辞めた十五年ころの佐渡金山はたいへん生彩を放っていた。しかしその間、金の生産が落ち込んだという話を聞いたことがあった。それは昭和十一、二年ころのことだっただろうか。ある夏の日の昼過ぎ、採鉱の課長が珍しく山を降りて、私たちの電気課へ立ち寄った。

彼は太っちょの身体に麻の背広を着て、窮屈そうにネクタイを結び、気ぜわしく扇子を使いながら入ってきた。

「やぁ、こんちは。こう暑くっちゃかなわんわ。なにしろ高任（採鉱）の山からこの下の事務所まで歩いて来るのに、僕の足で三、四十分はかかるからなぁ。おい君、すまんが水を一杯くれんかね」

採鉱の課長は事務所に入ってくるなり私にそう言った。

私が工場の片隅の流し場からコップになみなみと水を注いで持ってゆくと、彼はその水をさもおいしそうに一気に飲み干した。

「ね、君、実に弱っているんだよ」

彼はうちの課長の机の脇の椅子に無造作に腰かけるなり、開口一番こんなことを言った。

「弱っているって、いきなりなんのことですか」

うちの課長は例の温和な口調でたずねた。

「なにしろこのごろ金の生産が落ち込んで閉口しているんだ。山長（鉱山長）にどうしたんだ、いっこうに成績が上がらんじゃないか、もっと掘らんばいかん、とね。ここんところハッパのかけられっぱなしなんだよ。いくらハッパかけられても扱う相手が自然源ときちゃあね。君、いくらこっちが躍起になってみてもね、いままでのようなわけにゃいかんのだよ。こればっかりは人間の技だけじゃどうにもならんこんでね。実はそのことでこれから山長のところへ報告に行かにゃならんのだ。まったく閉口しているんだ」

彼はいらだたしそうに扇子をせわしげに使った。

彼が着込んだ背広と窮屈そうに結んだネクタイは、山長に会うための正装だったようである。小肥りした童顔の課長の顔から汗の玉が流れていた。そこには佐渡金山の金採掘の責任者としてのあせりがうかがえた。

「この金山もなにしろ徳川三百年を掘りつづけ、いまもなお、掘りつづけているんですからなあ。だいぶ年を取って老いてるわけですよ」

うちの課長がしんみりと言った。

金の生産が落ち込んだという山の課長の話を、私は事務の仕事をしながら聞いていた。大丈夫かしら。うちの課長の言うように、この金山もだんだんと先細りしてゆくんではないかしら——という不吉な予感が私に走った。

徳川三百年の財源を維持し、日本最大といわれたこの金山にもやがて没落の日がくる。山の課長の言ったように、いくらハッパをかけられても人間の技だけで金塊が掘り起こせるものではない。この金山が阿修羅のような激しさで洞窟を掘りまくることのできた金塊の宝庫であっても、おのずと限界はあろう。もし金山の金の生産が落ち込んでゆくとしたら、金山の運命は、この山に働く人々やその家族は……。そして金山に依存して生きているこの町の行く末は……。一介の女子事務員に過ぎない私でも、まるで自分が金山の経営者であるかのように、無関心ではいられなかった。しかしこうした危惧とは反対に、金山はますます生彩を放ち続けているようだった。私はあの夏の日に聞いた山の課長の話をうわごとのように感じはじめていた。しかし、あのときの採鉱の課長の話した危機はやがて現実のものとしてやってきたのである。

いま思うと、あの時期の佐渡金山は隆盛から凋落へ向かう最後の輝きの中にあったように思う（実際に金山が閉山されたのは平成元年三月と聞く）。

それから十四、五年を経た昭和二十七年十月、金山の大縮小が行われた。これは第二次世界大戦中の乱掘によって良質の鉱石が減少していったことと、金の値段が下がったことに起因しているようだ。遠く平安朝時代に始まったといわれる佐渡金山の歴史も開闢以来の未曾有の危機に瀕していたわけで、この大縮小の行われる数ヶ月前の七月三十日、金山では（当時太平鉱山といわれていた）従業員の約九割に当たる五百五十六名を整理し、残りの四十九名で採掘を続けるという発表をした。

徳川の初期から延々と四百年近くを金山に賭けてきたこの町の経済は、そのまま町の死活問題につながっていった。前々から縮小は行われるであろうと、町の人々は予想はしていたが、〝廃山に等しいこれほどの大縮小〟とは思わなかった。この金山の方針を、町では営利主義として反対し、町の有力者たちをリーダーに、町民こぞって反対運動に乗り出したのだった。

当時この町の人口は一万人といわれていたが、この一万人の中には、金山に働く者とその家族が二千人もいたという。小学校の全児童の四割が金山の従業員の子供たちだった。小学校では町の非常事態を救う一助になればと、五、六年生の全児童にこの事態を説明し、納得させた上で金山の縮小に抗議する文を一人につき二枚ほど習字形式で書かせ、町の全世帯に配ったという。

「お父さんの仕事がなくなります」

「鉱山をつぶさないで下さい」

墨あとも鮮やかに書かれた抗議文は、子供たちのけなげな思いがかけられていた。しかしこのような努力もむなしく、金山は縮小されていった。

佐渡金山から整理された人々は、その後同列系統の尾去沢・生野・明延とそれぞれの鉱山に配属され、その子供たちも親に連れられて住みなれた町を離れていった。当時の小学校の教師の話によると「鉱山の縮小が決まると毎日一クラスから二、三人の子供たちが歯が欠けたように転校していった。彼らはまとまって行くわけではなかったので、学校では送別会もしてやれなかった。転校生があるたびに町のバス会社まで見送りにいったものだが、町全体がさびれてゆくようで淋しいものだった」と述懐している。当時の相川高等学校にも同じことがいえた。

大縮小されていった昭和二十七年。私はすでにこの町を去り、結婚して、東京の新宿区に新居を建てていた。

私は大縮小された当時の佐渡金山と相川町の相互関係が知りたく、当時相川町の町長だった井口源太郎氏にその旨を伝え、お願いした。氏は父が佐渡支庁に在職中、会計課長を務め、わが家とも親しく交流のあった人である。氏は私の願いに快く応じてくれ、私は次のような書簡をいただいた。

昭和二十七年七月、三菱本社から役員のほかに当時の升越鉱山長が来相した。事実上縮小する旨を相川町に予告しに来たのだ。これまでこの町の経済はほとんど鉱山に依存してきたため、町では急遽協議し、相川町の代表をこの町出身で外務大臣などを務めたことのある有田八郎氏に依頼し、三菱側との折衝に当たってもらった。鉱山縮小についてはやむをえないとしても、町の希望として、鉱山の山林全部と発電所の贈与を申し入れてもらった。三菱側は事後の鉱山再建のことも考えてこの件を断ってきたが、有田八郎氏の努力と三菱側の誠意によって左記の金員と物件の贈与を受けることができたのだった。

贈与金員及物件

記

一、金三千四百八十万円
一、社宅二十七戸
一、協和会館一構
一、社有浜地八千四百坪
一、山林二百十一町歩余（道遊山を含む）
一、病院一構、土地千百七十坪
一、鉱山寮三棟（三ヶ所）　　以上

このなかでも、山林贈与は当日突然、三菱側が発表して覚書に加えたものであった。その理由は有田八郎先生以外に町長から一言の要求もなかったが、町長の心を汲んで追加したと私語的に三菱側が発表した。

ちょうどそのころ、町立相川高等学校を県立に移管する動きがあったが、それには二千万円の地元負担金が必要という県の内示を受け、町は苦慮していた。金山の大縮小によって町に三千万円余の贈与金があったことは、町にとってはまさに救いの神だった。町長たちが町議会に諮ることなく県の要求を受けたため、県では町立相川高等学校を県立にすることに踏み切ったという。

こうした経緯を経て私の母校も県立相川高等学校として町の中学と合併し、昇格したのであった。

当時の町長・井口源太郎氏は三菱側の贈与金があったればこそ、このことに即答ができたので、鉱山関係の副産物だと思っていると、当時のようすをこまごまと書簡にこめて親切に寄せてくれた。

この佐渡金山の大縮小によって町の有力者の多くが、日夜寝食を忘れて町に有利な解決を諮るため、三菱側と折衝に当たったおかげで、貴重な成果を挙げたことも忘れてはならないことである。

ちなみに三菱側の好意でこの町に贈与された金員と物件は、いまの時価にして数十億円にのぼるものだった。町はこれを機に観光都市として生まれ変わったのである。

この間、町の危機をともに憂い、連日連夜打開策に打ち込んできた東京在住の相川の有志がいた。ここから生まれたのが〝東京相川会〟である。この会には毎年三百名近い人々が年に一回ほど集まり、相川のお国ことばで交流を楽しんでいる。東京相川会は相川出身の人々の唯一の憩いの場でもある。佐渡金山大縮小を機に発足したこの会では、以来五十年になんなんとしている現在も、観光事業の一環として、毎年多くの人が郷土訪問旅行に参加し、郷土との交流を深めている。

会に集う人々の中には剛を持ち、知にすぐれた人が多い。この町の人々の切磋琢磨する精神は、起伏の激しい歴史の風土の中で培われてきたのではないだろうか。

## 早春のかげろい

昭和十一、二年ころ、採鉱の課長が金の生産の衰勢を嘆いていた時期があったが、金山(やま)ではそれとは裏腹に、大間の港近くにディーゼル発電所の建設が企画され、火力発電所の前には東洋一を誇った浮遊選鉱場が建設されていった。この工事で東京から大倉組がぞくぞくと入り込んできたのである。

そのころ、金山の従業員は三千人にも達したという。

建設工場で働く男たちは、どこか動作が粗野で、ヤクザっぽく、土地者には馴染みの薄い存在だった。彼らは鳶(とび)職だったのだろうか。身軽な身体に鳥打帽を斜にかまえ、だぼついた長ズボンに両手を突っ込み、口笛を吹き鳴らしながら早朝の射るような季節風の中を現場に急いでいた。彼らの動作は敏捷だった。強いシベリア風に身をさらしながら通っていた彼らの姿が、あざやかに脳裡をかすめる。

　そのころの金山には町の女学校の後輩たちがつぎつぎに事務員として入社してきた。私の妹もその一人だった。また金山の観光案内係として、夏から晩秋にかけてのみ臨時に雇用された後輩たちもいた。金山はこれらの娘たちで、急に明るく解きほぐされていった。

　ある夏の日の午後、電気の現場事務所に精錬の課長が訪れた。私の姿を見た課長は事務所に入るやいなや、

「アレッ！　あんたはいま本部の会計課にいたとばかり思っていたのに、もう僕より先に来てここで事務をしている。僕はたったいま本部の事務所を出て、ここに来たばかりなのに……。あんたはまるで軽業師みたいだなぁ」

　いつも声の高い課長ではあったが、そのときはさらに一オクターブ高い早口で仰々しい表情を浮かべて言った。

「ハァ、あれは私の妹です」

「へぇ！　あんたの妹……。そうかい、妹さんだったのか……。こりゃあ双子のような姉妹だ。まったくよく似ているわい」

　課長は眼を見張った。

　私と妹が似ていると言われはじめたのは、妹が女学校を卒業し、少し肥りはじめたころからだった。私たち姉妹は周囲の人からよく見間違えられた。母までが鏡台に向かっている後ろ姿

を見て、名前を呼び違えるほどだった。

そのころ金山では、大学の理工科系の青年たちが甲見習いとして、専門学校出の青年たちが乙見習いとして、採鉱・工作・電気にと配属されてきた。本部の事務所にも事務系の青年たちが入社した。

この町の中学校からも優秀な青年たちが三人も入社した。これまで地元出身の職員や、前からいる年輩の技術者だけだった職場に、これら若いエンジニアたちが入り込んできたため、金山はにわかに活気づいて華やいでいった。私たち女子事務員も若いという共通の意識で、こうしたエンジニアたちに漠然とした期待をかけていた。そのころの職場は未知数の魅力にあふれていた。彼らのための寮が町にいくつかできたが、その中の一つが本部の正門の橋のたもとにあった。

春の金山の運動会が催されるということで、打合せのために私たち女子事務員が青年たちのいるこの寮に集められたことがあった。青年たちの住む寮とはどんなところかと期待したものだったが、以外に索漠とした簡素なものだった。薄暗い畳の部屋に通された私たちは青年たちと相対して座った。リーダー格の青年の話は固く、かげろうような若さの触れ合いもないまま、私たちは寮を出た。少々贅沢な青年たちは、町のあちこちに下宿生活をしていた。そうした中で町のカフェーや料亭も、これまでの単調なものからどこか都会的なセンスを匂わせはじめていた。若い技師や事務系の青年たちは、この土地の女子事務員や看護師たちとの間に美しい恋を育み、人々に祝福されて結婚した。

そうした中で採鉱の若いエンジニアと精錬の課長のお嬢さんが結ばれた。

私はこの二人が春雨のそぼ降る宵に、この町の銀座通りといわれた羽田の町を蛇の目の相合傘に入って歩いている姿を偶然見かけた。絣の着物を着た書生っぽいさわやかな青年と、長い袂にお太鼓を結んだ少女のようなあどけなさを残した新妻が、人影もまばらな町を歩いていた。

「あなたはこの通りを覚えていますか」

「いいえ、まだ幼かったので、あまり覚えていないんです」

恥じらいを含んだ新妻のかすかな声が聞こえた。彼らは私のすぐ前を歩いていた。彼女の父は精錬の課長として赴任する前に、この金山に勤めていた一時期があったようだ。町の灯が霧雨に煙り、ときおりその雨足が細い粒子となって二人の蛇の目傘の上にまぶしい光彩を放っていた。春の宵の人影もまばらな磯辺の町に、海鳴りの音が遠くから聞こえていた。私はこの二人を一幅の絵を見る思いで眺めていたが、強いて素知らぬ顔で二人を追い越した。私はなぜか憧憬とも、悲しみともつかない切ない気持ちになっていた。私にはとうてい望めない世界にいる二人を見たからだろう。このお嬢さんはつい先日、現場事務所で私と妹とを同一人物と見間違えた精錬の課長の娘さんであった。

私にはもう父はいない。社会的になんのつながりも持たない母を中心に生きている生活は、二十一歳の娘にはわびしすぎた。

私がまだ工作事務所に籍を置いていたころのことだが、精錬にアンさんという朝鮮人技師がいた。たぶん現在の韓国の人だと思う。

彼は上背のある浅黒い顔に叡智をたたえた眉目秀麗な青年技師だった。そのりりしく結んだ口元からは流暢な日本語が流れ、その言葉はわれわれ日本人よりはるかに標準的で礼儀正しかった。

彼は褐色の作業衣をまとい、仕事で私たちの現場事務所をよく訪ねた。朝鮮の鉱山大学を卒業したのち、いくつかの日本の鉱山を回って佐渡金山に勤務してきたという。ある日、たまたま現場職員の出払った事務所に姿を見せた彼と話をかわしたことがある。

「あなたはこの町の人ですか？」

事務をしていた私に彼は明るく声をかけた。

「いいえ、私はこの島から離れた新潟の山の中で生まれたんです」

「山の中といいますと……」

「アンさんにはわからないかもしれません。私の生まれた町は、雪の中で〝縮（ちぢみ）〟という反物を織る機織（はたお）りの町なんです」

「ハタオリの町、知ってます。雪の降る町でハタをオル。すばらしいことです。あなたはすばらしい町で育ったんですね」

「アンさんは？」

「あぁ、僕ですか。僕は朝鮮の都からずっと奥に入った山の中で生まれました。でも、あなたの町とは違うのです。すぐ海が近いのです。僕は小さいころ、父と一緒に海へ魚を釣りにゆきました」

「そうですか。いい思い出を持っていらっしゃるんですね。私の町には信濃川（しなのがわ）という大きな川が流れているんです」

「シナノガワですか。日本一大きな美しいカワですね」

「アンさんはなんでもご存知なんですね」

「これでも僕は、日本の町に少しばかり詳しいんです」

「アンさんは、朝鮮にお帰りになりたいと思うこと、あります？」

「それは僕には両親がいます。帰りたいと思います。でもこの佐渡の金山は素晴らしいです。こんなに海が近くにある金山は珍しい。僕はここに来る前、いくつかの日本の鉱山（やま）を回りましたが、すぐ近くに海の見える鉱山はなかったです。この金山は気に入りました。僕は海がたいへん好きなんです」

彼は朝鮮の郷里の海を思い出したのか、遠くを眺めるような眼差しで言った。

私は彼の大陸的風貌の中に見せる奥行きのある眼差しと、浅黒く引き締まった顔に白い歯を見せて人なつっこく笑う彼の仕草に出会うと、殺風景な現場のたたずまいが別の雰囲気に変わり、自分までが人らかな人間になるような気がした。それでいながら、彼の叡智に溢れた深々とした瞳に見つめられると、なぜか私ははじらいの気持ちでいっぱいだった。

彼には美しい妻と二人の子供がいた。私はいつだったか町中で買物をしている彼の妻に出会ったことがあった。彼女は長身のほっそりした身体に、淡いピンクのチマチョゴリがよく似合った。切れ長の澄んだ瞳が可憐で美しかった。彼らは上町の職員社宅に住んでいたが、上流階級のインテリの雰囲気を多分に持ち合わせた人たちだった。

彼はその後、朝鮮の鉱山に転勤することになった。

私はその後、何ヶ月か経って、朝鮮に渡ったアンさんから朝鮮の風物を描いた手紙をもらった。

「久しぶりで母国に帰れてやはりうれしいです。あの島の金山で出会ったあなたのことを僕は忘れないでしょう。朝鮮には日本では見られない珍しいところがたくさんあります。朝鮮にいらっしゃい。よいところをいろいろ案内してさしあげましょう」

私は「もし自分にそういう機会が与えられるならアンさんの国、朝鮮にぜひ伺ってみたいです」という意味あいの返事を書いて送った。しかしアンさんはその一、二年後に再び佐渡金山に舞い戻ってきた。私はなぜか面映ゆい思いがして、はにかみの心も手伝ってか、アンさんを遠ざけるような気持ちになっていた。

昭和十六年の太平洋戦争勃発の年から終戦を迎える昭和二十年まで、この町には朝鮮から半島人（朝鮮の人々）が連れてこられ、この佐渡金山で働かされたという。これは戦争によって政府が金を増産するために、朝鮮人を強制就職させたに違いなかった。当時の相川の町の人々の話によると、半島人という言葉は軽蔑の意味合いもあったようだが、町の人々は一様に〝半島さん〟と親しみを表わす言葉として使っていたという。

彼らの住居は主に上方に当たる山の神の台地にあり、独身寮や世帯持ちの長屋がたくさん続いていたという。二間続きの長屋は清潔に整頓され、玄関に入るとどの家でも家族全員の写真が飾ってあった。長屋の屋根一杯に赤い南蛮辛子が干してあり、その南蛮が海の青さに反映してたいへん印象的だったという。真っ白いチマチョゴリをまとった人々。ゴミ箱に書かれた見なれない朝鮮文字。赤い南蛮の見える屋根。この島の金山を彩った朝鮮人労働者が集団で暮らした家並みは、戦争がもたらした異国情緒豊かな風景だった。彼らは安い賃金でなかば強制的に就職させられた人々であった。長い間、日本の統治下にあった朝鮮は、当時の日本政府の施策に民族の誇りを傷つけられ、歴史の宿命にあえぎ、諦観の中に生かされてきたのだった。

しかしながら強制労働を強いられ、佐渡金山に来た朝鮮の人々の生活は礼儀正しく質素だったという。朝鮮人としての、民族の誇りを、彼らはせめてこうしたところに精一杯堅持していたのだろうか。

当時この町の小学校には、八十人近い朝鮮の子供たちが在校していた。子供たちは、最初は年齢を問わず、一様に一年生として入学させられたという。その多くの子供たちは、日本語に馴染めず、教室でもあまり発言することはなかったが、なかには母国で日本国統治下の尋常小学校に学んで、日本語を上手に話せる子供たちもいた。彼らはクラスの子供たちに馴染むのも早く、日本語のわからない朝鮮の子供たちの面倒もよく見ていたという。

朝鮮の子供たちの中に、背の高い少し痩せぎみの李長久（リチョウキュウ）という少年がいた。彼は冬でもランニングの上にじかに冬服を着て学校に通った。親孝行者で新聞配達などをして家計を助けていたという。学校で休み時間になると、子供たちに望まれて、教壇の上で朝鮮の民謡を唄った。しかし、戦争ごっこをするときには必ず日本軍の方につくという、日本びいきの面もあったそうだ。

李長久少年にこんなエピソードがある。

六月の氏子祭りの日のことである。この祭りは各家に小学生が書いた絵や、標語入りの角提灯（箱提灯）が吊るされるのであるが、その提灯を友だちと見て歩いていた李長久少年が突然足を止め「アッ、おれの名前が書いてある」と、すっとんきょうな声を上げた。その提灯には戦時中のこととあって〝武運長久〟と書いてあったという。彼は自分の名前が長久だったので、そう思ったのだろう。李少年は当時高等科二年に在学していた。その当時は中学に進学しない生徒は、小学六年を卒業するとこの高等科に二年ほど在学したものだった。彼はユーモアと機智に富んだ少年だったが、終戦の年の十月、両親にともなわれて生まれ故郷の朝鮮に引き揚げたという。彼と前後して、朝鮮の子供たちは金山に働いていた両親とともに生まれ故郷にそれぞれ引き揚げていったそうだが、わずかに残った人々は日本国内の他の鉱山に移されたと聞く。残留組の彼らは政治上の問題で母国朝鮮に引き揚げることもできず、日本国に呻吟していると も聞いた。早く彼らに光明が与えられるよう祈りたかった。朝鮮に帰国したであろうアンさんのことも気がかりだった。

現在複雑な国際情勢の中で、北と南に分裂して揺れ動く朝鮮半島である。朝鮮民族の宿命と悲哀はいまもなお根強く続いているが、最近ようやく北と南の融合のきざしの見えてきたことは嬉しいかぎりである。

私はそのころ発電所でタービンの運転をしていた青年に、まぶしいものを感じていた。彼は均整のとれた姿態に長髪をかきあげながら、発電所の前の橋を渡って工作事務所に向かって歩いてきた。浅黒く端正な顔の物思わしげな彼の表情に出会うと、私は息苦しいほどの胸の鼓動に悩まされた。彼は発電所で使う古木綿や古新聞、シリンダー油等を注文するための伝票を発行してもらうべく、私のいる工作の現場事務所の窓口にやってくるのだ。彼は物品依頼の小さな手製のノートを、私が事務をしている工場の小さな窓口から差し出した。私はそのノートを受け取って伝票を書き、課長の印鑑をもらって彼に渡すのである。ある日、そのノートの間に映画の券が入っていた。私は一瞬とまどいながらも彼の行為がうれしく、心が弾んだ。また別の日にはノートの中に白い封筒がそっと入っていた。私はしばらく感激し、その手紙を読むこともできずにいた。私の心は彼の内面を知ることの期待と不安で少なからず動揺した。その手紙は私との境遇の差を、（父が佐渡支庁の首席属で地元新聞に大きく動向が報道されていた）青年らしい潔癖さで熱っぽく問いかけたものだった。私は異性に手紙を書くという冒険に少なからず躊躇し、罪悪感すら覚えた。私はそれからいく日かして、ためらいの果てに生意気にも「それはあなたの偏見であって、お互いに魂の触れ合いさえあれば、そうした境遇の差などは明るく輝く若さの前に打ちくだかれてしまうのではないでしょうか」という意味あいのことを書いて、伝票依頼に来た彼のノートの中に思い切ってはさんで渡したのだった。工場と事務所の境界に当たるこの小さなガラス張りの窓口が、二人の恋の掛け橋であった。

彼は金山のバスケット部に籍を置くスポーツマンであり、一方では文学青年で、金山の社内新聞によく小説を書いて発表していた。私もその新聞に、本部の事務所から頼まれて短歌を書いて出したことがあった。彼は勤務の関係で一週間ごとに夜勤に回った。彼のいない発電所を、工作の事務所の窓越しから見るのは空しかった。

私は朝の出勤時に、家の前のゴロタ石の敷かれた坂道をのぼり、人気のない山麓を洋々と広がる海原を見下ろしながら通うのであるが、この山麓で夜勤帰りの彼とよく出会うようになった。この偶然は私にとっては楽しいことであり、それはまた、かなりの冒険といってよかった。あるときは松林のあたりで、あるときは道端の雑草の繁みに、そしてあるときは山麓の白く続く一本道で。私は遠くを歩いてくる長身の彼の姿を見ると、新鮮な感動で胸が締めつけられた。しかし、そのよろこびはお互いの鼓動を高めるだけで、すれ違いざまになにか一言語りかけようと焦りながらも、思いつめた心は言葉にならず、梢を吹き渡るさわやかな潮風の音を聞きながら、ただ小さな声で「おはよう」「おはようございます」とうつむきがちに挨拶を交わすのが精一杯だった。手紙ではお互いに意志の疏通はあっても、いざその場に臨むとなにも話すことができない。恥じらいととまどいの中に若い心は燃え、悩み、悲しみ、その内的世界にのみ広がりを見せ、自分を表現するだけの勇気を持てないでいた。二人の満たされない心は、ついに実を結ぶことなく、光のかけらを残したまま青く澄んだ海の彼方に押し流されていった。

夏の季節、この町は観光客で賑わった。町にいくつかある旅館は、臨時のお手伝いを雇っての大わらわ。来る日も来る日も、旅館の前には満員お礼の札が立つほどであった。夜ともなれば旅館の名入り浴衣を着流した観光客が、そぞろ歩きを楽しんでいた。料亭の手摺越しの窓は開け放たれ、広い座敷から談笑の声が聞こえ、芸者衆の弾く民謡のおけさが流れ、陽気な客たちの踊りの輪が広げられていた。この季節は町の人の表情も別人のように明るく輝いて見えた。

夏から秋にかけて相川を訪れる団体客は、一日に何十組も金山を見学に訪れた。

私はやがて工作事務所から橋一つ渡った発電所の横に新しく仮設された電気課に移った。この電気課は石垣の下に鉱滓の濁水が流れている川のたもとにあったため、観光客が石垣の上のゆるやかな坂道を通るのがよく見えた。事務所内に製図板の上でトレースをしている青年が私の隣にいた。彼は小柄で芝居の女形にしてもいいくらい優しい顔立ちをしていた。「坊さんの仕事が性にあわん」といって、この現場でトレースの仕事をしていたが、いつかは寺を継がなければならない、と焦っていた。彼はいつも長髪を白い手拭いでキリッと結んでいた。彼はトレースの手を休めては、川一つ向こうの坂道を通る観光客の品定めに余念がなかった。

「ホラ、あれは東北あたりの農家の人たちだろうか。いかにも朴訥そうな一組だ」「こんどのは垢抜けた気っ風のよさそうな一組に見える。ことによったら東京から来た江戸っ子商人たちだろうか」と、窓越しから見える客に目を向けていた。私もときおり事務の手を休め、彼らに視線を向けていた。どちらが見物しているのか、見物されているのかわからない状況だった。

ある年の夏、宝塚の生徒の一群が金山を見学に訪れた。彼女たちは長い袂の着物に長い袴を着て踵の高い靴をはき、麗しい姿態で黒髪を風になぶらせ、なにかを語らいながら、楽しそうに笑みを交わして通っていった。その姿は華やかで美しかった。私は思わずため息をついた。華やかな余韻を残しながら通り過ぎていった彼女らも女、金山の粗末な現場事務所で働いている私も女、同じ女でありながらの距離感があった。私は彼女らの華やかさに圧倒されながら、自分の中の女を見つめていた。

晩夏に近いころだっただろうか、私は近衛文麿公を垣間見たことがあった。昭和十二年六月、四十五歳の壮年近衛文麿公は内閣を組閣した。近衛公がこの金山を訪れたのは、日中戦争が起きて何年か経ったころだったと思う。黒いタキシードに身を包んだ公が、側近を伴い鉱山長らの案内で、大股でせっかちに石垣の上の坂道を歩いている姿を、私はこの事務所の窓越しに見たのである。戦争に備えて金の産出状態を調査に来たのだろうか。一行の列から少し離れ、先頭を歩いていた公の姿がひどく印象的だった。黒ずんだ戦争の流れの中に、自らを巻き込まなければならなかった運命的な匂いを、そのときすでに感知していたかのように、近衛公の少し猫背の肩のあたりに、為政者の孤独の影がひそんでいたように見えた。

そのころは日中戦争の黒い断面を見る縁(よすが)もないまま、この金山町にも灯火管制が施かれ、空襲避難訓練が行われるようになった。ラジオニュースが華々しい戦果を告げるたびに、祝賀の旗行列や提灯行列で金山町は湧き立った。日中戦争が始まったとはいえ、まだそのころは応召兵もあまりなく、島人たちも対岸の火事を見るような思いでいたためか、戦争の苛酷さも、卑劣さも知らず〝正義の国・日本〟というぼやけた印象だけが人々の戦争意識を駆り立てていた。たぶんそのころ、竹田宮恒徳(たけだのみやつねよし)殿下が来鉱されたのではないかと思う。後年、ＪＯＣ委員長を務めた竹田恒徳氏である。

殿下が金山を見学し、途中採鉱の事務所に休憩あそばすということで、お茶の接待に三人の事務員が選ばれた。私もその中の一人だった。内気で目立たない存在の自分が選ばれたのが不思議だった。強いていえば、事務員の古参株だったためだろうか。母は感激して、さっそく呉服屋から白地に紫の斜線の交叉した涼しそうなジョーゼットの反物を買ってせっせと縫い上げ、呂の帯などもそれに合わせて求めてくれた。母は殿下の前で上がらぬよう、失礼のないよう、落ち着いた態度でお茶を献上しなければならないと、くどいほど私に言い含めた。私はひそかに怯えていた。果して自分に務めおおせるかと。

本部の職員は、私と一緒に入社した友と私に、とりあえず正門の守衛所で待機するように言った。夏のさなかに着なれない着物を着たことで窮屈さを感じ、薄化粧した顔の汗を気にしながら、殿下の前に出なければならない責任感で心を鎮めるのに懸命だった。しかし殿下にお茶を献上したのは、鉱山病院で事務をしていた人だった。彼女は黒曜石のような大きな瞳がしっとりと濡れたいかにも女らしい人だった。私たちは下の正門の守衛所で最後まで待ちぼうけを食わされ、とうとう殿下にお会いすることもないまま、うやむやのうちに終わってしまった。私はむしろその方がよかったし、そうあってほしいと内心願っていたので、肩の荷が下りて救われた感じだった。母も安堵していた。

それと前後して、作家の吉屋信子（よしやのぶこ）が来相したという噂が町に広がった。当時吉屋信子は夢多い乙女のロマンを少女雑誌に掲載していたため、私たち若い娘の間でたいへん人気のある作家だった。「あの有名な吉屋信子が、相川に来るはずはなかろうがさ。あれはインチキだ」という人。「いや、そうじゃない。彼女の父は彼女が幼いころ、佐渡郡役所の郡長を務めた人で、吉屋信子は相川に縁がある。彼女はいま、もと住んでいた上町の家を訪れている」

そんな噂が流れていたが、実際に彼女を見たという人も現われ、彼女が相川を訪れたのは間違いなかったようである。

明治時代、吉屋信子が少女のころ、彼女の父は佐渡郡長として相川に赴任し、一家は相川町の江戸沢（門前）の大安寺を借りて居住していたという。大安寺は佐渡金山開発の礎を築いた大久保石見守長安が慶長十一年に建てた寺で、山門に広い石畳を敷きつめ、一年中こんもりと繁るブナの木に囲まれていた。寺の中には長安が死後の冥福を祈って、自らが建てたという逆修塔もあった。彼女は少女期をこの大安寺の一角を借りて住んだというが、オカッパ頭に大きな分厚い黒縁の眼鏡をかけた彼女が、かつて私の住んだ相川の町に少女期を過ごし、しかも私の父と同じ郡役所（父の勤めていたころは佐渡支庁といっていた）に吉屋信子の父も勤めていたという偶然に、私は親近感を覚えずにはいられなかった。

日中戦争が勃発し、佐渡金山でも国防婦人会や女子青年団が結成され、軍国主義が色濃くはびこり、戦争はいやおうなしに民衆を欺瞞しながら進んでいった。そんな昭和十三年頃だったであろうか。佐渡金山では『君死に給うことなかれ』で知られる歌人の与謝野晶子を招いて、講演会が催された。彼女は鉄幹との激しい恋で結ばれ「みだれ髪」を発表し、旅順に出征していった弟の身を案じ「君死に給うことなかれ」を書き、「源氏物語」をはじめ「栄華物語」「和泉式部日記」などの口語訳や研究などもあり、近代文学史上まれに見る才媛であった。私たちはこの偉大な業績を持つ彼女見たさに、上町にある鉱山クラブに集まった。鉱山クラブの大部屋は、かつて私たちが採用試験を受けた試験場でもあった。待つ間ももどかしく、与謝野晶子は私たちの前に姿を現わした。黒っぽい地味な着物に羽織をまとった晶子は、もうかなりの年齢だった。小肥りした彼女は、髪を二百三高地に結い上げ、その顔は少し青ぶくれ、着物も少し着崩れていた。越佐航路の長い船旅の疲れもあったと思う。壇上に立った彼女は終始うつむきがちで、恥じらいすら見せながら小さな声で話した。私はそのときの話がなんの話であったか、まったくといっていいくらい覚えていない。しかし不思議なことに、彼女の服装とか仕草はいまも鮮明に覚えている。女性らしい若さと情熱をたぎらせた与謝野晶子はおそらくメリハリのある豊かな声量で、私たち若い娘の心を魅了してくれるだろうという期待感があっただけに、彼女のささやくような話しぶりは、色あせた萎えた心を見るようで、当時若かった私たちは与謝野晶子を別人のような眼差しで見ていた。

やはりそのころであったろう。漫談家の大辻司郎が金山の招きで来島した。協和クラブに招かれたカッパ頭の彼は、長身を渋い背広で包み、いかにも都会人らしい雰囲気の人だった。これまでラジオでしか彼の話を聞いたことのなかった私たちに、落語の熊さん、八っつぁん的ムードから一変して、彼は格調高い英国紳士を思わせる印象を与えた。彼はやや調子外れの高い声で、一時間ばかり壇上で話した。その漫談の内容は、他人さまからいただいた菓子折りを、そのまま他の人さまへ贈りものとして届けるのであるが、その品物がたらい回しに贈られ、最後に贈った本人のところへカビが生えて戻ってくるという、ごく単純でたわいのないものだったが、彼はそれをユーモアたっぷりに話した。こうした単純な話も不思議と都会的な響きが感じられ、どこかにペーソスさえも感じさせた。私たちは彼の巧みな話術に完全に乗せられていた。

話し終えた彼は「さぁ、皆さん。皆さんの中で僕の話を聞いている間に、時計を見た人がいますか。もしいたら、その人は手を上げて下さい」と問いかけた。彼は誰も時計を見なかったことを確かめると、「漫談家が話をしている最中に、客に時計を見られたら、その漫談家の生命は終わりです」と結んだ。彼の話は一時間を十分足らずにしか感じさせなかった。彼は当時日本でも貴重な存在の漫談家であったと思うが、後年思いがけない飛行機事故で亡くなった。

あのころ金山を訪れた近衛文麿公にしろ、吉屋信子、与謝野晶子、大辻司郎と、みんな亡くなっている。人の出会いも生命も、なんとはかなく悲しい存在であろうか。線香花火の一瞬のきらめきにも似て、花火の終わったあとの白々とした虚脱感が、人の一生にも似ているようで、私は人生の持つ宿命と孤独を感じずにはいられなかった。

毎年冬になると金山では寒稽古が行われた。

私たち女子事務員は勤めの退けたあと家で夕食をすませ、上町の鉱山クラブに集まった。鉱山クラブにゆくには長坂の暗い急な坂道を息をはずませながら、鐘突堂に向かって登りつめなければならなかった。昼の光から閉ざされた二月の闇夜の海風が、遮るもののない長坂の狭い石段の上に吹きつけた。この石段は二百段近くもあり、私たちは途中いくたびとなく石段のかたわらに立ちすくみ、凍える手をさすりながら眼下に瞬く町の灯を見た。底鳴りのする冬の海が黒々とうねっていた。町の灯が寒風にあおられ、冷え冷えと震えてみえた。

鉱山クラブは昔、佐渡奉行の役人たちが住んでいたと思わせる古風な奥ゆかしさのある木造二階建ての邸だった。その隣が鉱山長宅だったが、これも同じ造りの広い邸宅だった。私はこの格調ある日本的な装いの邸を見るのが好きだった。いつもは、ひっそりと静まりかえっているクラブも、寒稽古の行われる日は、一階と二階に明るい灯がつき、玄関の広い重厚なロビーの板の間には大きな柱時計がかかり、人々がその下を右往左往して通っていた。

私たちはこの寒稽古で「追分」の唄を習い、「子守唄」を習い、そしてレコード鑑賞などもさせられた。江差追分を教えてくれたのは、工作課に所属していた老人で、彼は気骨のある凜とした人物であった。着物に着がえた彼は、私たち事務員の座っている前に小机を出し、端然と座って唄いはじめる。

「大島ァ…小島の…あい通…る…船…は…ヤンサノエ…」

老人の豊かな声量に日本古来の伝統と心を見る思いがし、私たちは腹の底から唄い上げるこの老人の気魄に圧倒された。老人は追分のもつ唄の心構えなどを教えながら、一節一節を丁寧に唄って教えた。私たちは小節の微妙にきいた節回しの難しさにとまどい、途中で呼吸が続かなくなると平気で唄を止めたり、ヤンサノェーという合いの手を入れるところにくると、おかしさのあまり吹き出してしまったりしたので、せっかく教えてもらった唄も、私たちが唄うとその世界はたちまち土足で踏みにじられてしまう。「江差追分」の持つ渋さや気品は、厳として老人の世界のものであった。

この寒稽古で「シューベルトの子守唄」の二部合唱もした。私たちは学生時代に帰ったような新鮮なよろこびと感傷に浸って歌ったものだ。これをコーチしてくれたのが精錬技師。彼は端正な中年の男性で、浅黒い精悍な顔に黒縁の眼鏡と、ふさふさした黒髪を持ち、清潔そうな白い歯が印象的なインテリ技師だった。彼はバイブレーションのきいたよく通るバリトンの声を持っていた。レコードの鑑賞は鉱山病院の外科部長。大柄な彼はさりげないふるまいの中に、どこか育ちの良さが感じられた。彼はベートーベンやモーツァルトの曲をいくつか聞かせ「君たちはいま、この曲からなにを連想するか」と問いかけた。私はこれらのレコードの旋律を聞きながら、人間の悲しみを知り、嵐の中の激しさに出会い、静かな空間に漂う憩いの場を知り、およそこの世のものとは思えない高いきわみの中に立っている自分を見つめていた。

光の当たらない暗い海を眺めながら、凍てつく寒風にさらされて通った寒稽古。火の気のない寒々とした部屋で若さのかげろいが燃え立っていたあのころの寒稽古の思い出は、いまでもガス灯の焔（ほのお）を見るような哀歓で私に迫ってくる。

# 第七章

## 現場技師との出会い

日中戦争へのよどんだ流れの中にあっても青春はやはり息づいていた。私の勤めた電気課に、京都大学を卒業したエンジニアが入社した。彼はこの一年近く、採鉱・搗鉱・精錬等で実習し、ようやく電気課に配属されたのだった。

彼は電気課に配属された初日、職員に挨拶を終わらせるとつかつかと私のところに来た。

「僕、加納といいます。どうぞよろしく」

長身の彼は茶褐色の顔に笑みを浮かべ、丁寧に頭を垂れた。私は慌てて椅子から立ち上がり、無器用に頭を下げた。

彼の瞳はさわやかだった。彼の慇懃な挨拶の仕方に、この青年は私を職員と見間違えているのではないかといぶかしんだ。

彼は電気課に籍を置く当初から、前々の知己のように事務員の私になにかと語りかけてきた。私はそのたびにとまどわなければならなかった。彼は適度にヤクザっぽく、適度に野放図などころがあり、適度に鷹揚で、適度に純情で、そして学識豊かな青年だった。

彼の電気学についての知識は実に旺盛で、豊富で、貪欲だった。私には専門的なことはわからなかったが、その活力に満ちた魅力ある話し方には精神の横溢さが感じられ、周囲の人々は彼の持つ知的な雰囲気にいつしか傾注していった。転勤してきたばかりの主任技師は「わしは頭が悪くってなぁー。アハハハ」といいながら、彼でなければ夜も日も明けぬといいたげになんでもかんでも彼の名を連呼しては、日にいくたびとなく相談にのってもらっていた。この主任技師は「君はあらゆる点で天質を持った人だ」と彼を高く評価した。現場職員も彼に一目置いていたようだった。

朝六時半の金山（やま）の勤めは早く、夏の季節はともかく、早春のころまでは辛く、私は事務所のストーブを焚く関係もあって三十分くらい前には出社していた。用務員のおすいさんは、金山まで歩いてものの十分たらずの距離に住んでいた私よりいつも早く来ていた。彼女は隣村の小川という漁村から朝四時過ぎに起きて、沿岸に打ち寄せる高波の飛沫を目の前に見ながら歩いて通うのだと言った。

早朝の金山。現場工場のあちこちに黄色い裸電球が瞬き、工員たちのさわやかな談笑が聞こえていた。私とおすいさんは、朝のガランとした事務所を掃除して職員の出社を待つのだが、この事務所は金山の構内を流れる川沿いの石垣の下に建っていたために底冷えがした。まして床がコンクリートのせいもあって、早春の肌寒い日はひどく冷え込んだ。事務所の中央にダルマストーブが置かれ、おすいさんと私は薪と石炭をくべながら部屋を温めるのに懸命だった。このストーブに赤い火がついてゴウゴウと勢いよく燃えるまでにはかなりの技術が必要だった。七時過ぎになると職員や主任技師が出勤して来るのだが、燃えつきの悪い日は事務所じゅうに煤煙が立ち込み、目も開けられないほどだった。そんな日には私とおすいさんは必ず職員に怒られた。それからしばらくして彼は出勤してくる。職員や主任技師よりも遅くなる日が多かった。職員の中には「あきれたもんだよ。毎度のこととはいえ、よくもまぁ、あぁちょいちょい遅れて来て、いけしゃあしゃあとしておれるもんだよ」とぼやく者もいた。彼へのこうした非難を聞くたびに、私は自分のことのように身を縮こまらせ（今日こそ早く出勤してくれたらいいのに）と願った。そうこうしているうちに、汗のにじんだ額を光らせながら作業着をまとった長身の彼が、事務所の入口のガラス戸をいさぎよく開けて入ってくる。

「おはようございます」

歯切れのいいよく通る声だ。遅れて来たことをまったく意に介していないような彼だったが、職員のいうようにいけしゃあしゃあとしていたわけではなく、早春の風を切って懸命に急ぎ足で出社したと思われた。額の汗がそれを物語っていた。そんな彼を職員たちは一瞬いまいましそうに一瞥したが、内心とはうらはらにそうしたことにはいっこうに頓着せぬといいたげに「おはようござんす」と彼に負けないくらいメリハリのある声で答えていた。彼らは男の敏感さで、この青年が将来を嘱望される大物になる男ではないか、という予測めいたものを感じていたのかもしれない。

　彼の机の上にはいつも〝ピース〟と〝光〟の煙草の缶が置いてあり、煙草の匂いはそのまま彼の体臭といっていいくらい、彼は煙草を愛好していた。私の机は受付を兼用した入口近くに一つだけ孤立していた。私は後方の職員たちの机を背にして掛けていた。現場職員の机は部屋の中央部にデンと大きく置かれていた。彼の場所はその机の末端で、私のすぐ後ろの斜向かいにあった。

　ある日彼は私の机の後ろに立ち、作業服のズボンのポケットに両手を突っ込みながら言った。

「あなたはよく算盤が弾けますね。僕は全然駄目なんです。一つ僕に算盤を教えて下さい」

「教えるなんて、そんな……」

　私は他人に物事をほめられたことはあまりなく、まして人に物を教えるなどということは苦手だった。彼は「あなたに数字の書き方を教えてあげましょう」と机の上の横帳罫紙を無造作に取り、細いペン先を走らせながらすらすらと算用数字を書いて見せた。彼の什草はいつもさりげなく、無造作で自然だった。私がたまたま風邪で休むと「よい薬があるんですよ。こんど風邪を引いたら言って下さい。あなたの休んだ日の事務所は淋しい」と言い、私が父を亡くして二年余りしか経っていないことを知ると「たいへん口はばったい言い方かもしれませんが、困ったことがあったときには僕に相談して下さい。僕はできるだけあなたの相談にのって差し上げたい」とも言った。

私は率直に自分の意志を堂々と表明してくる男性をこれまであまり知らなかった。彼にはエリートの持つ洗練された魅力があった。入社して間もない彼が一介の事務員にしか過ぎない私に、なぜそこまでの心くばりをしてくれるのか、と私はいぶかった。しかし私は日常の彼のさりげない動作の中に、仕事を通して私を見守ってくれている温かい彼の眼差しを感じはじめていた。それは愛と名付けるにはあまりにも脆い情感であったにせよ、私は少しずつ他の人には感じられない心の傾注を彼に覚えるようになっていた。

四月の薄寒い昼下がりの事務所は静かだった。彼は先ほどから現場職員の出払った事務所で、私のすぐ横の製図板に向かって余念なくトレースの仕事をしていた。彼はそのころ大間のディーゼル発電所開発の仕事をしていた。私も事務の仕事に追われていた。ガラス戸一枚で仕切られた隣の補繕工場では、中老の電工が工場の隅に置かれた職台の上で後ろ向きになって電話機の修理に一心になっていた。日だまりが事務所の窓ガラスを通して、川向こうの坂の上に殺風景に並んで建つ工作課の鍛冶工場のあたりに、わずかにかげろっているのが見えた。油ぎった作業服をまとった工員たちの姿が見え、鋼を打つ音やモーターの鈍い音が、川一つ隔てたこの事務所に快い音量で響いていた。彼は仕事にひと区切りついたと見え、大きく背のびをするとうまそうに煙草をくゆらせた。紫煙がゆっくりと私の方に流れた。

「よく頑張りますね。そんなに生真面目にやることないですよ。少し息抜きしたらいいです」

「ハァ……」

「あまり熱心に仕事するんで、あなたの顔がほら、上気してそんなに汗ばんでますよ」

「……」

私は少し汗ばんだ額に手を当てがった。

彼は吸いかけの煙草を灰皿の上にのせながら、

「あなたは二十一歳と言われましたね」

「はい」

「僕は初めてあなたに会ったとき、十七、八歳の少女かと思いましたよ」

「……小柄だからでしょう」

「いや、あなたは純真だからですよ」

「そうでしょうか」

「……僕はあなたのことが好きだ」

私は唐突な彼の言葉を面映ゆく感じながら自分の頬が燃えてゆくのがわかった。

「どうですか。こんどの日曜日あたりに、近くの漁村の海岸線でも歩いてみませんか」と彼は話をかわした。

私は女学校卒業間近に、クラスの友だちと姫津の漁村まで歩いていったことがあると、甘美な余韻の残ったままの心で彼に話した。

彼は椅子に片ひじをもたらせながら、

「そうですか。僕はまだ行ったことがないんですよ。たいへん海岸線の美しいところと聞いているんですが……」

「それは素晴らしいところです」

実際この沿岸の風景は素晴らしいものだった。私は彼に話していた。

「下相川の町並みをはずれると、青く透明な光を帯びた日本海が目の前に広がって見えるんです」

「ほう……」

彼は興味深そうに私の話に目を輝かせた。

私は沿岸の風景を思い出しながら語った。

相川の町並みを離れてやや歩くと千畳敷の岩礁が波に見え隠れしている。沿岸に沿って曲がりくねった白い街道が長く続き、そのはるか向こうの街道沿いに緑の小高い丘陵が見え、その麓になだらかな畑が広がっている。そこを通り過ぎると前方に灰褐色の巨大な岩塊が街道におおいかぶさるように入り組んだ湾に向かってせり出ている。私たちはその下を、頭に両手を当てがいながらこわごわと通り抜けたものだった。しばらく行くと眼下に鄙びた漁村がマッチ箱のように点在し、すぐそこの渚に白いさざ波が戯れている。海に小さな漁船が二、三艘帆を立てて揺れている。迷路のように入り組んだ漁村の狭い道に、鶏を追う老人と幼子の姿がある。私はこの情緒的な風景を別世界でも見るような思いで見入ったものだった。漁村の若者たちは船持ちの家は別としても、そのほとんどは金山で働いていた。女たちもそうであった。ここでは年老いた老人と子供たちが留守を守っていたようである。

小川・達者という名の小さな漁村を過ぎると姫津の漁港に出る。そこには日本海の怒濤に洗われた尖閣(せんかく)湾の荒削りな岩肌が太陽の光を受けて黒褐色に光っているのが見える。達者の入江から揚島(あげしま)（姫津村）あたりまでの約二キロの間が尖閣湾と呼ばれていた。何億年も前から日本海を吹きつけてきた荒々しい北風と怒濤によってできた切り立った岩壁。そのはざまをぐって白い飛沫が霧の粉を吹いて舞い上がっていた。この姫津という漁村は、慶長九年に大久保長安が現在の島根県から三人の漁師を連れてきてここに住まわせ、漁業にたずさわらせたところだ。たいへんな良港で、海府筋では唯一の貿易港として栄えた。ここは古くから真宗・浄土宗などのお寺が多く、いまでは島内を代表する真宗村落となっているが、この村は真宗を通しての〝お講〟組織があって、同じ村の他の宗派者もその組織の中に入れるというシステムがあり、そこで村の政治や生産等についての話し合いがされている。人々の生活はこのお講を通して円満に進められるという特殊な形態を持つ漁村だった。

私は早春の寒口を潮風に髪をなびかせながら、卒業間近に四、五人の友と散策したあの日の沿岸の変化に富んだ海岸線の美や、いくつかの漁村のたたずまいなどを彼に熱っぽく語っていた。

そんな私の話を、彼は終始さわやかな眼差しを向けて聞いていたが、

「あなたにしては珍しく雄弁ですね。実に熱のこもった話しぶりだ。バスの案内嬢にでもなったらいいかな」

　彼は白い歯を見せて笑った。

「……」

「いや、それは冗談、冗談。それにしてもあなたはいつもそんなふうに僕に話しかけてくれたらいいんだがなぁ。あなたがそんなにお気に召したところなら、ぜひ僕を案内して下さい」

「ええ……。でもそれは駄目です」

「駄目って、なぜですか？」

「この小さな町では、二人が一緒に歩いているだけでも噂になってしまいます」

「なぁんだ。あなたはそんな月並みのことにこだわっているんですか。馬鹿だなぁ、そんなことを問題にする方がおかしい」

　彼は大らかに笑った。

「でも、それが問題なんです」

「じゃ、僕と二人だけではどうしても行けないというんですか」

「……えェ」

「どうしても？」

「えェ、どうしてもです」

「あなたは堅いなぁ。もっと大らかな気持ちになりなさい。それではあなたの若さが泣いちゃいますよ。若さは二度と戻ってこない」

「……」

「……まぁ、あなたが拒否されるんなら仕方ないでしょう」

「申し訳ありません」

「なにもわびられる筋のものではありません」

彼はいくらか憂愁を含んだ眼差しを向け、煙草を深く吸い込んだ。やがて彼は改まった調子で、

「さっきのあなたの話を聞いていると、僕はもうあのあたりの漁村に行って来たような気になりました。諦めましょう」

彼は煙草の火を灰皿に押しつけると、思い立ったように工場の方へ立ち去った。「若さは二度と戻ってこない」という彼の言葉を私は復誦していた。彼のいうように二人であの海岸線の美を堪能できたらどんなにか素晴らしいことだろうと思った。私は自分を制している心をはがゆく思った。世間体があると私は彼に言った。しかしそれだけではなかった。それは自分でも探索できないもやもやしたなにものかであった。なんなのだろう、このしっくりしないもやもやしたものとは……。自分の意志でない漠然とした蠢き、私はこの自分の意志に逆らう偽善的なものを払いのけようと懸命だった。私は自分から彼の申し出を断っていながら、押しつぶさ

れたようなひしゃげた気持ちになっていた。

東京に両親のいるという彼は、ときおり私用で東京に赴いた。東京へ行くと三、四日は島に戻らなかった。彼は帰島すると必ず私に土産をくれた。それは赤と白のまだら模様の小さなコンパクトであったり、渋い緑色の落ち着いたビーズの小さなハンドバッグであったりした。彼は私が本を読むことが好きだと知ると、アンドレ・ジードの『狭き門』を貸してくれたり、そのころ青年たちの読んだ『新青年』の分厚い雑誌を自分の読んだあとに必ず私にくれた。しかし私はそれらの本の内容を理解しようとはしなかった。彼から貰ったという甘酸っぱい感傷が、この本や土産の品々を通して伝わってくるのだった。悩ましい思いだったが、私はそのことだけで幸せだった。

そのころの私は、明るく健康的で甘美なドラマの流れの中に酔っていたといってよかった。私たちは現場職員の目をかすめて、小さな幸せに心を寄せ合った。まったく異なった環境に育った未知の者同士が、あるときから心を寄せ合って生きる瑞々しい健康的な愛。私は生きる歓びをこんなに素直に新鮮に感じたことはなかった。満たされた歓喜の光の中で私はこの世が自分たちのために創造されているのではないかとさえ思えた。しかしこの幸せがいつ音を立てて崩れてゆくだろうかという不安と恐れがなくもなかった。それは自分の意志に逆らうもやもやとした偽善的な感情が、いつも私の内部に巣くっていたからだった。

ある日彼は現場職員のいなくなった事務所で設計用の机に向かって口笛を吹きながらトレースをしていたが、ふとその手を休め、

「僕は新婚旅行のときは、日本国中を一周したいんですよ」

彼の言葉はあいかわらず唐突だった。

「……日本国中を一周ですって。とても、私には考えられないことですわ」

「それはあなたにだってできますよ」

「そうでしょうか。私にはできません」

「もし結婚する相手になる人に言われたとしても?」

「えェ、そうした贅沢は多分嬉しくないと思います」

「贅沢じゃないですよ。一生の思い出になる旅行だったら、決して贅沢じゃない」

彼はなかば気色ばんで言った。

「僕はあなたに指輪を一つ差し上げたいと思っているんですよ」

「とんでもないことです。指輪ってとっても高いものなんでしょう」

私は話の核心をそらすようになにげなく言い紛らせてしまったが、その自分の言った言葉がなんと間抜けた馬鹿げたものであったかと、彼の手前で体裁がつかなかった。

「そりゃ上を見たらきりがないです。それでも僕はあなたにいい指輪を差し上げたい」

お互いに熱い好意を感じあっていたにせよ、あきらかに結婚を意識した彼の言葉にふっきれ

ない気持ちが私の中にあった。

愛を一つの前提として結婚はあると思う。しかし愛だけで結婚が約束できるとは思わない。そこには、あまりにもかけ離れた環境の差があり、教養の差がある。貧乏な地方官吏の娘だった私には、家柄も教育もない。もし彼と結婚したとしても、そのことが主軸となって枝葉末節のところで彼を理解できず、いつも苦しみ悩まなければならないのではないだろうか。若さの情念だけで結婚をほのめかすには、あまりにも彼と私の出会いは短絡過ぎると思った。むしろ簡単に結婚をほのめかす彼を信じられない気もした。こうした理念で結婚を拒みながらも、もし彼との結婚が可能だとしたら、私は彼の寛容な愛に支えられてつましく彼に仕えるだろう。学問の差、境遇の差など二人の愛がしっくり溶け合っていたならば問題はないはずだ。私は純粋な気持ちで彼に惹かれてゆく自分をどうすることもできないでいる。そわそわとした弾みが私の中に蠢いているのは確かだった。結婚を否定する心と肯定する心。この二つの矛盾した考えの中で、私はいつも自分をいぶかり、結局は自分を整理しきれないでいた。

冬の海の咆哮が遠慮会釈もなく金山の町に騒ぎ立っていた。彼が幹部候補生として召集される日が一ヶ月後にせまっていた。

私はあといくばくもないこの日々の堆積の中で、ひどく感傷的になっていた。ダルマストーブが赤々と燃えているある日の午後、事務所で彼は言った。「チョッキを編んで頂けませんか。

あなたに編んで頂いたチョッキを着て戦場に赴きたいのです」

　私はすべてが受動的で、温かく膨らむ愛を自分から育むことを知らない娘だった。いやそれは知らないというよりむしろ彼に寄せる白分の愛を見破られるのが怖かったのかもしれない。しかしその愛の切なさを、彼はすでに見抜いていたのだろうか。彼はこの愛の悲しみを私と二人で分かちあおうとしていたのかもしれない。

　私はいそいそと町の呉服屋から中細のグレーの毛糸を買い求めた。チョッキは事務所の昼休みを利用したり、家に帰って夜なべで掘炬燵のなかで指を凍らせながら編んだ。私は彼の身近に確かな愛の証を残しておきたかった。無器用な手で、ともかくも後身から編みはじめたチョッキがその形をなしてゆくころ、編んだ毛糸の温もりがそのまま彼の温もりのように感じられ、私は彼の深い愛に触れた思いがした。それなのに私はなぜかその愛につまずく。二人の短い逢瀬。しょせんは実りのないまましぼんでしまいそうな愛の悲しみを、私は凍えた夜気の中で感じていた。


　金山の正門を出ると、濁川の川下に暗褐色の夜の海が鳴っていた。残業の夜、私たちは灯火管制下の暗い師走の町並みを歩いて帰った。遠く高い夜空に箒で掃き清めたような一条の薄い白雲が長く尾を引いて流れ、その近くに星影が美しく瞬いていた。暗い町並みの中で外套の衿を立てた背の高い彼と、渋いオレンジ系のオーバーを着た私の小さな影がわずかな星あかりを受け、寄りそうように歩いていた。シベリア風が二人の前を容赦なく吹きつけて通った。

「この間はチョッキ編んで頂いてありがとう。僕さっそく着ているんですよ。あなたとの思い出の証として、僕はこのチョッキを大切に着ることにしているんです」

「そう言って頂いて嬉しいです。私って無器用で……。下手な編み方ですけどこれでも一生懸命編んだんです」

「無理なお願いしてしまって悪かったですね」

「とんでもない。編んでいてほんとうに嬉しかったんです」

私は悲しみの淵に沈みながら思わず涙ぐんでいた。

「どうしたんですか」

「いいえ、別に……」

「いよいよ、あなたとの別れの日が近づきましたね」

「えエ、もうすぐですものね」

「別れるってことは、つらいことだ」

「ええ、とっても……」

私は小さく頷いた。

「僕が軍隊から帰るまで、お嫁に行かずにいて欲しいんです」

「……」

「待っていて下さいますか」

「それはわかりません」

「僕のこと嫌いですか」

「いいえ、そんなことありません」

「だったら」

「でも私、加納さんのお嫁にはなれません。そんな資格ないんですもの」

「あなたは自分を卑下し過ぎている」

「でも、いまの私の気持ちは変わりません。ずうっと前から考えていたことですから」

「自分一人で考えても駄目だ！　どうして、もう少し、僕に心を開いてくれないんですか？」

重い沈黙が流れた。風が冷たく吹きすさぶ。先ほどの箒で清めたような一条の雲が、強いシベリア風にあおられ、羽毛でも散らしたように夜空に薄くちぎれ、その間を縫って星影が見えた。

「加納さん、あんな高いところに星が瞬いています」

私は空を見上げ、つとめて明るく言った。

「あなたはいつも大切なところで話をそらす人だ」

彼は不機嫌そうに言った。

「どうもすみません」

「……もうこの話はよそう！」

突っぱねるような彼の語気が返ってきた。二人の会話はそこでぷっつりと途切れた。私は彼との出会いが遠い過去になり果てたような空しい気持ちになっていた。灯火管制下の町並みは人影もまばらでひっそりと静まりかえり、風だけがやけに冷たかった。二人の足音だけが夜道に響く。遠い空に星影が淡く光っていた。私は先ほどから吹きこぼれそうになる涙をこらえていた。

「あなたは小さい」

黙り込んでいた彼が一言ぽつんと言って、私の頭にそっと手をおいた。私は少女のようにうつむいたままだった。

「この道がもっと長く続いてくれたらいい。あなたと二人っきりで、もっともっと歩いていたい」

「……」

別離の日を目前に控えて生還すらも望めない彼に、私はなんの言葉も出なかった。彼はそのことに一言も触れようとはしない。かたくなに閉じた私の内部に、彼はそれ以上踏み込もうとはしなかった。

私は孤独だった。耐えることが自分にとってなんの幸せにつながるのか、私にはわからない。それでも私は耐えようとしている。

浜辺の町に通じる小さな路地裏から急に波のうねりが聞こえてきた。私たちは肩を寄せ合いながら黙って歩いた。私の家はもうすぐそこだった。

「あぁ、もうあなたの家に着いてしまいましたね。じゃあ、また明日会いましょう。お休みなさい」

別れぎわに彼は私の額に軽い口づけを残して去っていった。私は彼の仕草に一瞬たじろぎながらも、それを素直に受け止めていた。それはごく自然の仕草だったし、私はまたそれをごく自然に受け止めていた。そんな自分が不思議でならなかった。私は夜気の中、遠のいてゆく彼の後ろ姿をいつまでも追っていた。自分の手には届かない遠い存在の人……。私は火照った頬をいつまでも夜風にさらしていた。


年が改まり、電気課では町の料亭で新年会が催された。戦時下で職場の男たちの召集もこれからが本格的になるはずで、彼らに対してのおもんばかりもあったのだろうが、戦時下の新年会はやはり気がとがめた。しかし料亭で催される宴会など、これまで一度も見たことがなかったため、私は気がとがめながらも心は弾んでいた。私はこの夜、白いショールに肩をすぼめながら粉雪の舞う町をいそいそと出かけた。朱色の薄い地色に濃い朱の矢絣を織り込んだ壁お召しを着、その上に鉄色の地味な地の銘仙に花模様の透かしをあしらった羽織をまとい、髪には一輪の白い花をつけた。母は出かけぎわに「……すっかり娘らしくなって。今夜のお前はきれいにおなりだよ」と言ってくれた。もっともその晩、私はいつもより少し念入りにお化粧していたし、生まれて初めて見る宴席がどんなものであるかという心の弾みが私を美しくみせていたのかもしれない。

海鳴りの音をすぐ間近にした料亭は古めかしさの中に格調があった。私は間口の広い重々しい玄関で料亭の人々に迎えられ、二階の大広間に案内された。三十畳もあろうかと思われる開け放たれた部屋に電灯がまぶしく光り、赤い会席膳が華やかに並んでいた。そこにはすでに小ざっぱりした服装の電工たちや職員たちが宴席を囲んでいた。私はひな壇に飾られた人形のように、かしこまって下座に近い席についた。隣のおすいさんも、ボイラー室の小夜さん、そして同じボイラー室の雑役のおなつさんも、今日は銘仙の着物に薄化粧して、別人のようにかしこまって並んでいた。私たちは上座に誰が並んでいるのかもわからないほどに面映ゆい気持ちだった。コの字形に赤い会席膳の並んだ席は、ちょうど五色の虹でもかかったように華やいで見えた。やがて磨きのかかった階段を艶っぽい島田に結い上げた五、六人の芸者衆が江戸褄の裾を端折って、華やかな笑い声を立てながら上がってきた。私はまったく違った世界に生きる女たちを間近に見る物珍しさで思わず彼女らの方を見やった。

芸者衆の世界は、男の金銭を賭けたエゴイズムの世界にがんじがらめになりながら生きている哀しいがどこかなまめいた世界、という先入観が私にはあった。この料亭の斜向かいに芸者衆の置屋があった。女学校の通学の帰路、ここを通るとおさらいをしているらしい三味線の音色が艶に聞こえていた。この置屋には普段でも鬢付油のいい匂いを漂わせた小粋な芸者衆が四、五人いた。首筋に練白粉をつけて半幅帯のくだけた恰好で、まろやかな肩を揺らしながら笑い合っている彼女らの姿を、私は表通りの置屋の格子戸越しによく見かけた。私は芸者衆の小粋で艶めいた雰囲気が好きだった。

この町は金山の町でもあり、観光の町でもあったため、小さな町に旅館がひしめきあっていた。二、三の大きな旅館を除けば、そのおおむねは間口の狭い小さな旅館だった。どの旅館も金山町の渋い年輪がおのずとわかるような藍色によどんだ侘びが感じられ、この町の旅情をそそるにふさわしい風情があった。芸者衆は日暮どきともなると、あちこちの旅館を、三味線を抱えてせわし気に歩いていた。

私は華やかな宴席で芸者衆を見るのは初めてだった。中年の芸者衆や若い芸子たちは、宴席に着くとこれまでの笑いをやめて下座に江戸褄姿で並んで座った。彼女らはおもむろに島田を垂れ三つ指をついて私たちに挨拶をした。江戸褄を着て深く首を垂れた芸者衆の首筋が、電灯の光を受けて美しく浮き立って見えた。彼女らはやがて上座の真正面に位置した主任技師や職員たちの席に、江戸褄の裾を端折って衣ずれの音をさせながら進んだ。その毅然とした立居振舞いに座は一瞬引き締まる。そこには芸一筋に積み上げてきた彼女らの自負がうかがえた。彼女らは主任技師から職員へ、そして工員たちのところへと、順次酌をして回った。最後に下座の私たち女性客のところにくると、

「ようこそおいで下さいました。さァ、どうぞ」

鬢付油のいい匂いを漂わせた年輩の芸妓がにこやかに酌をしてくれた。

私は馴れない手つきで杯を持ち、

「はァ、どうもすみません」と思わず頭を下げた。

「まァ、すみませんなんて、とんでもございません。皆さんは大切なお客さまです。どうぞ今晩はゆっくりとくつろいで下さい」

隣のおすいさんも、小夜さんたちも、同じようにかしこまって酌をしてもらっていた。

私はこの芸妓たちにしみじみとした懐かしさのようなものを感じた。彼女らには人の心を大らかに包んでくれるゆとりのようなものが感じられ、私はこの宴席を新鮮で親しみ深いものとして受け止めていた。

職場の男たちはわれを忘れたように陽気に唄い踊った。ほろよい気分の男たちが私のところに酌をしにくる。

「ヨォー、あんたはこうしたところで見ると一段ときれいに見えるのぅ。芸者衆なんか負かしっちまぅよ」

「あんたの側に座りたいのぅ」

男たちの冷やかしと、宴席の華やかさに私は他愛もなく陶酔していた。

しかし、そんな中にいて私はやはり彼の行動が気になっていた。上座のあたりで先ほどから高笑いがしていたと思ったが、次にざわざわとしたどよめきが起きた。見ると彼は、小柄の芸子を両手で抱え上げている。なんと芸子は彼の大きな腕の中ではしゃいでいるではないか。私は一瞬たじろいだ。小柄の芸子は、紅潮した頰で真紅に燃える裾の乱れを気にしながら、男たちの注目を一身に集めて身体をよじらせながら頓狂な声を上げている。宴席に思わず異常な興奮が漂う。私は見てはならない淫らなものを見たような気がした。私は彼の青年らしからぬ神経の太さをこれまでも見ている。鉱山まつりの日に彼は浴衣の裾を腰にたくし上げ、豆絞りの手拭いを頭からすっぽりと頰かむりして顎で結び、どじょうすくいでもするような恥ずかしげな恰好で、同期のエンジニアたちと一緒に芸者衆の乗っている山車（だし）について、濁川の川沿いを踊りながら通っていた。私は祭りでごったがえす川向こうの人ごみの中から垣間見たのだが、彼の姿が他のエンジニアたちとは抜きんでて突拍子もないものに見え、妙に気になってならなかった。

　彼は気前がよかった。物を人に与えるのは私に限ったことではなく、まだ真新しいと思われるゴムの長靴や傘なども、入隊も近いせいもあってか工員たちに気前よく与えた。下宿先で作ってもらった弁当を、たまたま事務所に用があって現われたボイラー室の雑役の小夜さんに、

「これ女、この弁当食べろ。君にやる」

　彼はぶっきらぼうに弁当を小夜さんに差し出した。

「旦那さん、すみません。いいんですか、頂戴しても……。旦那さんの食べるのがないじゃあ

ありませんか」

「オイ、旦那さん、旦那さんと気安く言うなよ。俺はまだ旦那さんじゃないぞ。こう見えても俺は独身だ！」

「へぇ、どうもすみません。つい、うっかりと言ってしまって。アハハハハ」

「なにがおかしいんだ、バカヤロー」

事務所の中に思わず爆笑が起きた。

小夜さんはおすいさんとほぼ同じ二十七、八歳くらい。ほっそりした身体つきに栗色の頬に黒眼がちの涼しい目元が魅力的だった。彼女はいつも身軽で生き生きとしていた。小夜さんは弁当を押し頂くとペコリと頭を下げて引き下がった。

彼には一般的な人間の感覚を無視した質感のようなものがあった。知性と品性、粗野と図太さ、人情。こうしたものが奇妙に溶けあって、彼独得の人物像を造り上げていたようで、それがそのまま彼の魅力につながっていたのかもしれない。ぶっきらぼうで横柄な面も多分に持ち合わせた彼ではあったが、不思議と多くの人々に敬愛された。私は彼の人となりがこれまでもときどき納得できず、混沌とした気持ちにさせられることがあったが、彼が開けはだけた心で自由に自分を押し出している姿を見るのは楽しく、決して嫌いではなかった。むしろ私に真面目に接してくる彼よりも、開けはだけた気楽な彼の方がずっと好きだった。しかしあの図太いほどに見える神経の太さは一体どこからきているのだろうか、と私は考えるのだった。彼という青年は一般の青年たちよりも情欲的な面を持っているのではないだろうか。あの芸子を抱え上げた手馴れた仕草。そしてついこの間、私に示したあのさりげない動作。日常的なことにしても彼には世馴れた余裕があった。

それにしても新年会に浮き立つ思いで出かけながらも、宴の終わったあとにはなにかそぐわない屈折が私の心によぎっていたのは確かだった。


日が経つにしたがい、職場でも応召されてゆく若者たちが多くなった。そのたびに「祝出征○○○○君」と書いた白い幟が贈られ、日の丸の旗に寄せ書きがされた。この幟を頼まれて書くのは必ず彼である。

「ヨーシ、引き受けたぞ。これも銃後の勤めの一つだ」

白いタオルをねじり鉢巻にして頭に巻いた彼は、電工たちの見ている前で工場のコンクリートの床に新聞紙を広げ、その上に白い布製の幟を載せ、太筆になみなみと墨汁を浸して難なくすらすらと書き上げた。達筆な文字である。

「僕もそのうち征くぞ。僕の幟は誰に書いてもらうかな」と言った。

「そうだなァ、加納さんの幟はこの間の芸子に書いてもらった方がいいんじゃないですか。その方が一番実感が出て……」

中年の電工が冷やかした。

「バカヤロー！　冗談もほどほどにせい」

彼はなかばむきになって言った。

私もあの日の衝撃がまだ濁り水のように心に残っていたため、彼をさげすみたい気持ちもあり、「そうだ。あの芸子に書いてもらったらいいのに」と横から厭みの一つも言ってやりたい気持ちだった。しかしそう思う半面、あの残業の夜の星あかりの中、重くよどんだ夜気の中で彼が残してくれたあの痛いほどの新鮮な感動が蘇り、私は確かな愛の手応えを再び自分のものとして感じとろうとしていた。彼との愛の葛藤に一人悩み、ここにきてまでもまだ決断のつかない自分が哀れでならなかった。

一月末の島国の天候は一定しない日が多かった。朝しぐれたと思うと、昼からは粉雪が散らつき、そうかと思うと薄日が射し込んでみたりでいっこうに落ち着かなかった。

出征の前日、彼は長髪をばっさりと落として頭を丸刈りにし、朝から金山の各課に別れの挨拶に出かけた。私はこの日が来るのをどんなにか厭わしく疎んじたことか。私はつとめて彼を遠い存在として見つめようと苦慮した。

挨拶に出向いた彼のいない事務所の窓に冷たい霙（みぞれ）が海風にあおられながら降っていた。霙はやがて銀色の水滴となって妖しい光を放ちながら、幾条となく窓に流れては消えていた。しぐれた私の心にも霙がしきりに降り積った。

私はなにげなく開けた自分の机の引出しの中から白い角封筒が入っているのを発見した。思いがけなくも彼からのものだった。それはまったく思いがけなく——。私はそっと開けてみた。

「美しい想い出を残してくれたあなたに感謝します」

細いペンで達筆に書かれた文字である。手紙の行間から、彼との一年近い想い出の一コマ一コマが凝縮されて流れてゆくのを感じた。

便箋の中に呉服屋の商品券が一枚同封されていた。

「僕との想い出のしるしに着物でも作って着て下さい」とあった。私は全身が強くしびれる思いだった。私は一体彼になにをしてやれたというのか。内気で話し下手でいつもかたくなに自分の殻にこもって、彼に甘えるすべもなく、出征を明日にひかえていながらも「あなたは私にとって唯一の人でした」と伝える度胸もなかった。またそうした言葉を口にしたら、自分の真実の心が軽く損なわれそうな気がして嫌だという自分勝手な理屈をつけていた。私は最後まで彼になにも言わずじまいだった。

彼が帰って来たのは夕方近かった。採鉱・搗鉱・病院・精錬・分析・工作・木部の事務所を回れば一日近くはかかる。

「いや、挨拶回りがこんなに時間がかかるとは思いませんでしたよ」

彼の額にうっすら汗がにじんでいた。

「いよいよ明日に迫りましたなぁ。感無量ですなぁ」

ダルマストーブを囲んで職員たちが言う。

「長いことお世話になりました。この戦争で帰って来られるかどうかわかりませんが、僕は運のいい男です。必ず帰って来ます。そう、必ず帰って来ます」

彼は念を押すようにして言った。確信に満ちた言葉である。私は彼の言葉を机に向かって背中越しに聞いていた。と、職員に挨拶をすませた彼が、つかつかと私の席に来た。

「元気でいて下さい。またいつかきっと会える日が来るでしょう」

彼の大きな手が私の手をしっかり握りしめた。彼の瞳がじっと私を見つめる。

「どうぞお元気でいってらして下さい」

私は不覚にも涙がこぼれそうになり、彼の瞳をまともに見ることができなかった。私は職員の手前もあり、彼からの手紙の礼も言わずじまいだった。彼はやがて電工たちのいる工場の方に歩を進め、例のあけすけした調子で彼らと別れの挨拶を交わしていた。私の心はがらんどうだった。

早朝の海に粉雪が乱舞し、中山峠から見える海は霧のようにぼやけていた。遮るもののない峠道にも粉雪が舞い、風が鳴った。

この日の朝、彼は同期の幹部候補生らと一緒に召集されていった。私たちは凍てつく吹雪の中で、身を縮こませながら峠道に並んで彼らを見送った。白いショールに降りそそぐ雪の白さと風の冷たさが私の心をいっそう空虚にしていた。かなり離れた峠道に彼らが乗ってゆく貸切自動車が吹雪の中に並んでいるのが見えた。その中の一台に芸者衆が群がっていた。遠目にも他の幹部候補生らにまじって長身の彼の姿が見えた。その中に新年会の夜、彼に抱え上げられた小柄な芸子の姿があった。芸子は人々をかきわけるようにして彼のかたわらに身を寄せて泣いていた。粉雪を伴ったシベリア颪（おろし）の寒風が海原を渡って峠道に容赦なく吹きつける。私は冷たい季節風の中に立ちすくみ、こみあげてくる痛みに耐えていた。寒風の中で自分を支えるのが精一杯だった。

車に乗り込んだ幹部候補生らは祖国の守りを固める決意をみなぎらせ、日の丸の旗の波に押し流されるようにしてトンネルをくぐって出征していった。私はいく台か続く自動車のどこに彼が乗っているかを見きわめようと焦ったが、ついにわからなかった。私は再び彼との出会いが遠い過去になり果てたような厳粛な気持ちになっていた。孤独が私の心を蝕む。粉雪がいっそう乱舞し、峠道に海鳴りの音がゴウゴウと響いていた。私は一人、北越の荒海に向かって悄然と立ちすくんでいた。

とぎれることなく続く見送り人の中にまじって、芸者衆の群れがひときわ鮮やかだった。なぜかそこだけが空気が揺れ動いているように感じられた。私はいっこうにやみそうもない粉雪の中を索莫とした心で帰った。

私は後日、彼が出征の朝にあの小柄な芸子と添寝をしていたことを知らされた。私はつとめて冷やかな心で聞こうとしていた。出征してゆく男と最後の一夜を過ごした芸子の妖しく燃えるおぞましい愛……。しかしその中にひそむ芸子の可憐な愛の形を、つい先日峠道で見た私は、むしろこの芸子に賛美の心を送りたいとさえ思った。その愛がひどく厳粛なものであったとさえ思えたのだ。率直に愛を表現できる芸子を羨ましいと思った。私はこの芸子を通して、別れた彼との情念を痛いほど感じとろうとしていた。

彼のいなくなった事務所は、空虚で灰色に塗りつぶされたよどみの中にあった。私は来る日も来る日も孤独に耐えなければならなかった。それは島国の冬の陰鬱な空と、荒れすさぶ海鳴りのせいばかりではなかった。私はこれまで彼の全存在の中で生きて来た女であったことを、別れた孤独の中で初めて知った。私に訪れたあのまぶしい光は二度と戻ってこない。あの白くまぶしい光はもはや私の前を通り過ぎていってしまったのだ。残ったものは弱々しいじめじめした小さな心だけだった。

彼はかつて「この電気課はどこの課よりも一番家族的な雰囲気を持っていると僕の友人たちが言ってましたよ。ザマァ見ろ！　君たちの職場とはわけが違うんだぞ、と僕はみんなの前で威張って言ってやりましたよ」と彼は現場職員にこんなふうに話していたことがあった。家族的という言葉は意味深い言葉であった。私にとってその言葉は、彼の存在があってこそふさわしく伝わってくる言葉であった。

いつもピースと光の煙草の缶の置かれていたあの煙草くさい彼の机の上は、いまや主のいないままにその匂いは薄れ、白々とした空しさだけがはびこっていた。私はこのどうしようもならない白々しさの中で「一体私はこれからどうやって生きてゆけばいいの」と、なにかに向かって叫びたい気持ちだった。再び戻ってこない日々に、私は一つの影を追ってしおれかえり、重い液体のようなよどんだ疲れの中で、まるで若さから見捨てられた暗い陰を持つ女のように人知れず煩悶していた。彼のいなくなった事務所で、孤独が私の影をいっそう暗くしていた。

私はかつて坑員の元へ嫁いだ級友が短い生命を完全に愛のために昇華していったことや、一人の男のために身も心も滅ぼしてまでもその愛を全うしようとした級友のこと、そして自分の意志を貫くため死を賭してまでうら若い命を海に捧げてしまった下級生の友のことなどを思い起こしていた。一つの愛、一つの意志を貫くという、あの確固たる一途な信念はあだやおろそかに培われるものでないことを知った。そこには女の苦渋に満ちた葛藤の世界があり、その葛藤を乗り越えて生きた女のプロセスと凄まじい執念があったに違いなかった。その愛の厳しさと尊さを知ったとき、私は自分がこれまでに彼に見せたあまりにも片意地張った偏狭なまでの愛の姿勢が、幼稚でおぼつかないものであったことに気付き、自分が彼に見せた愛の在り方に疑問を感じないではいられなかった。

私たち家族は住みなれた金山の町をあとに、生まれ故郷の新潟県の小千谷に引き揚げることになっていた。父を亡くした母の悲しみが、この佐渡の地を離れたい意識に駆らせていたためでもあった。帰郷したいという母の念願は、私にとっても望ましいことだった。母の帰郷を望む念願と私の帰郷を望む願いは、その原点に立てば一人の男を失った女の悲しみに起因していた。娘という立場だけを考えるならば、父を亡くしたこの相川の町にいつまでも住み、父の面影を追って生きたかった。金山の町・相川を去ることは、父の思い出をおきざりにするようで悲しかった。しかし私は彼の去った地に、そしてあの現場事務所にいること自体が自分の魂を崩壊させてしまうことを知っていた。これは最愛の夫を失った母の心にも似た心境だった。彼が去ったことにより、私の周辺からあの泡立つような白くまぶしい光は消え失せていた。

佐渡金山の町・相川をあとに、生まれ故郷の小千谷に引き揚げる日が来た。早春の早朝の海は、この日珍しく穏やかだった。

石扣町のわが家の前には、近所の人々をはじめ支庁の役人たち、そして勤め先の金山で知りあった多くの人々が列をなして、軒の両側に並んで島を去る私たち家族を温かく見送ってくれた。

「小千谷へ帰られても元気でのぅ……」

「金山の町のことは忘れんでのぅ……」

「いつかまた相川の町を訪ねてくれぇっちゃ。待っているからのぅ……」

一人一人に挨拶をして回る私たち家族に、人々は温かい言葉をかけてくれた。

傷心の母娘にこの金山の人々の温情は身にしみ、そのときの光景はいまも忘れられない。

引揚げ先の小千谷に彼からの軍事郵便が佐渡から転送されてきたのは、それから間もなくだった。

「僕はいま中支に来ています。兵舎としてはもったいないくらい立派な官舎に住んでいます」

私は戦地から届いた彼の便りをうれしく思った。私の心は彼と別れた日々のなかで、彼への想いで常に揺れていた。彼への思慕は強く、できることなら彼の胸へ飛び込んでいきたいという衝動を覚えていた。その一方で、彼は遠い存在であり、彼との愛は実ることがない、という想念が私の心を呻吟させていたことも事実だった。彼の達筆な葉書の行間から、私は彼の情念を探ることはするまいと思うのだった。長い葛藤と煩悶の果ての諦観だった。

中支の各地を転戦しているのか、その後彼からの消息は絶えた。

「僕は運のいい男です。必ず帰って来ます」と言った彼の言葉を、私は一人ぼんやり復誦していた。

一つの愛は終わりを告げた。あまりにもさりげなく……。愛とは、恋とは、重いため息の中に呻吟しながら、青春の構図の奥深いところでいぶし銀のように光っているものである。あの妖しく光る海色の騒ぎの彼方に、おきざりにしてきた私の青春が息づいている。

# 第八章

## 日中戦争

昭和十二年七月七日、北京郊外の盧溝橋で不法攻撃を仕掛けられたという言いがかりをつけて端を発した日中戦争は、国民を戦争の坩堝に深く引きずり込んでいった。この町でも血気盛んな青年たちが赤い召集令状一枚で戦場にかり立てられてゆき、金山(やま)でも広範囲にわたって職場の男たちに召集令状がきた。

工作課所属の鍛冶工場の青年は頑強な身体をした実直な男だった。彼は一つ隣村の小川という漁村から通っていた。彼と同じ漁村から通っていた電気課の使い走りをしていたおすいさんの話によると、彼は赤紙(召集令状)を手にした瞬間、蒼白になったという。村で召集を受けた男たちの歓送会が催されたとき、彼はあたりかまわず大声をあげて男泣きし、

「なんで戦争なんて、馬鹿げたことをせんばならんのだ！　俺は国のためになんか死にたくはない。死んでたまるかってんだ！　俺は死にたくはないんだ。国がなんだというんだ！」

「なぁんも死ぬと決まったことじゃない。歩兵だからって、先頭に立っていさぎよう進まんで

も、そこは要領よう戦えばいいんだっちゃ」

　周囲の人々が懸命に慰めにかかった。

「いや、俺は死ぬに決まっている。もう、ちゃあんと予感がするんだ。俺はなんで死ななきゃあならんのだ。なにが国のためだ。畜生！　俺はこの漁村にいて、漁村のためにこれからやらんばならん仕事が仰山あるんだ！　国のために命を捨てるなんて、とんでもないことだ！」

　彼は憤りで目を吊り上げ、こぶしを振り上げて絶叫したという。その後彼は新発田の歩兵第十六連隊へ召集されていったが、彼の予感は当たった。一年後、彼が名誉の戦死を遂げたという公報が村に入り、やがて無言の帰還をしたのだった。死に瀕した彼は、戦死というまったく納得のいかない死の瞬間をどんな想いで迎えたのだろうか。灼熱した鍛冶工場で他の鍛冶工らとともに、赤銅色したたくましい腕で黙々と鋼を打ち続けていた彼の姿を思い起こす。

　私の勤めた電気課でも若者たちがつぎつぎに召集されていった。「戦死した」とあとで聞かされたあのころの純な少年たちの顔が思い浮かんでくる。

　中でもTさんは白皙の凜とした美少年で、電工の中でもひときわ目立つ存在だった。彼が戦死したことを、彼の実弟で当時佐渡金山の労務課に勤務していたT氏に、私はのちになって聞かされた。

　私が勤めていた昭和十四、五年ころだったと思う。日本で初めて施行された第三種電気工事人の免許を取得するため、電気課では電工たちが一日の仕事を終わらせたあと、赤い裸電球の灯った薄暗い補繕工場で大きな黒板を前に小柄な電気技師の指導を受け、一生懸命に講義を受けていた。そのころ彼はすでに電気主任技術者資格検定試験に挑戦していたそうである。

私はときおり事務所に訪れる彼に、

「あなたはとても優秀な人です。近い将来、きっと技師になれると思います。電工にとどまらず頑張って下さい」

私はそのたびに彼を励ましていた。

「ハァ、ありがとうございます」

彼は叡智に富んだ澄んだ瞳に少しはにかんだ表情を見せて答えると、端正な後ろ姿を見せて工場へ去った。少年期から青年期に差し掛かろうとしていた彼の感性は、常に新しい理念を追求して輝いていた。そのころの彼には、災いを背負いこむ影はみじんも見られなかった。実弟のT氏の話によると、彼は私が金山を辞めて郷里の小千谷に帰って間もない昭和十七年、十九歳の若さで電気主任技術者資格検定試験にみごと合格したという。当時この電気課の技手をしていた四十歳くらいの職員と彼が一緒にこの試験に挑戦したというが、彼の方が合格し、年輩の技手の方が落ちてしまったそうで、彼は少なからず当惑したという。彼はすぐ念願の技師として職員に昇格すると思い込んでいたが、未成年という理由で会社側は彼を職員にすることを一年延期した。非常に無念がった彼は、弟のT氏に会社を辞めたいとまで言ったそうだが、T氏になだめられてようやく思いとどまったという。彼は翌年二十歳を迎え、技師として職員に昇格した。しかし、念願の職員になったのもつかの間、一年後にあたる昭和十九年三月に彼は入隊し、六月に徴用動員を受けると、そのまま戦禍の激しい戦場にかり出された。そのわずか三ヶ月後、漢口（かんこう）で戦死したという。二十一歳の若さをあわただしく戦場に散らし、青春に賭けたであろう夢のすべてを無惨にも戦禍の中にかき消されてしまったのだ。義憤に満ちた無念さ、やるかたのない孤独が彼の身を貫いていったに違いない。

そんな思いの中にいた私にT氏は、

「兄は当時、あなたのことを尊敬していました。理想の女性だと言っていました」

彼の眼に涙がにじんでいた。

当時の彼が自分をそうした感覚で見ていてくれたのか、と思うとなにほどの値打ちのない自分にひどく狼狽し、困惑した。T氏と私はほとんど口もきけずに彼を偲んでいた。

私の住んだ石扣町のわずかな戸数の家並みにも、つぎつぎと召集令状が舞い込んだ。

隣家の棟梁夫婦のところにいた四人の屈強な息子たちも召集され、すぐ家の前の坂上に住む銀行員の色の浅黒い凛々しい息子たち、上品な老人が営む質屋の東京の大学で学ぶインテリな二人の青年にも召集令状が届いた。そして私の家の四、五軒先に豆腐屋があったが、その家の青年も召集されていったのだった。

彼は金山（やま）の築港に勤める落ち着いた風貌をしたたくましい青年だった。こうして町の若者たちが矢継ぎばやに召集されてゆく中で、相川町では空襲避難訓練が行われるようになり、金山でも国防婦人会や女子青年団が結成されていった。私たちは金山の正門のすぐ裏手にあたる急なだんだら坂を登りつめた山の神の大山祇(おおやまずみ)神社に、昼休みを利用しては出征してゆく兵士たちの武運長久を祈った。そのころ金山に働く娘たちは、召集されてゆく職場の兵士たちが身につける腹巻に千人針をどれほど結んでやったことか。千人針とは「虎は千里に帰る」という諺から、腹巻に虎の絵を千個の点によって描き、その点に一人一個ずつ朱糸で玉を結んでゆくもので、これを身につければ兵士が無事帰還できるという縁起をかついだならわしであった。

兵士が召集されて行くたびに、人々は町はずれの中山峠まで見送りに行った。町の人々にまじって、中学生や女学生、小学生らが日の丸の旗を必死に振る中を、彼らは緊張した面持ちで人々に敬礼してバスに乗って出征して行った。

冬の凍てつくような寒い日のことだった。私は女子青年団の団旗を捧げて兵士を見送る旗手の役を労務課から仰せつかった。金山の正門から町はずれの中山峠までの長い道のりを団旗を肩に捧げて歩くのだが、道行く人々に振り向かれるたびに、私は均衡のとれないぶざまな自分の姿を想像して恥ずかしさにたじろいだ。命がけで出征してゆく兵士たちの心情を思えば恥ずかしいどころではなく、そんなことを口にしただけで兵士たちに非国民呼ばわりされそうだった。私はそうした想念の中で容赦なく吹きつけるシベリア風を受けながら、団旗を揚げた肩の重みと頭上ではためく旗の圧力で、ともすればつんのめりそうになりながら町中を歩いた。私はこともあろうに、石扣町の家の前まで来ると団旗を持ったまま家の中に入ってしまった。私は鏡の前で団旗を捧げた自分のぶざまな姿を少しでも恰好いい持ち方に変えなければ、と不安な気持ちになっていた。おどけたピエロにも見える自分の姿、それに伴う不均衡な精神、後ろ暗さと卑劣さを感じながら、私はこの不自然な自分の精神を是正するには鏡に頼るしかないと思った。

「まぁ、お前って娘はなんだね。大切な役をもらっておきながら、そんなに鏡とにらめっこして……。さぁ早く行かないと遅れちまぅよ。ほんとうにしようのない娘だね」

母はそんな私をなかば呆れ、困り果てていた。

「だって恰好悪くって、とてもこのままじゃ歩けないんだもの」

「とにかく、早く行きなさい」

母にせき立てられながら、安心できないまま私は再び外に出る。私は自分にこの役の回ってきたことをひどく疎ましく思った。

ようやく峠道に差しかかったときだった。私はそこで思わずたじろいでしまった。そこにはすでに峠道の両側をはさんで、日の丸の小旗を持った小学生、中学生の群れがあふれ、町の人々や金山関係の人々が長蛇の列をなして兵士たちを見送りに来ているではないか。私は自分の軽率さをひどく後悔していた。私は旗手という責任のある立場を担っている手前、見送りの人々の後ろに隠れて通るわけにもゆかず、かじかんだ手に団旗を懸命に握り締め、緊張で引きつった顔をさらし、日の丸の小旗のはためくおおぜいの列の前を前方にいる金山の人々の群れに向かって歩いた。

「なーんだ、旗手がこんなに遅く来ちゃ、駄目じゃないか！　なにをそんなにボヤボヤしていたんだ！　あんたは旗手の使命感が薄いんじゃないかね。もっと、しっかりしてもらわにゃあ困る！」

労務課の職員は私が来るのをいらだたしく待っていたらしく、眉間に深い皺を寄せてまつげ一本動かさず、私を凝視して言った。そう言われても、まさか「団旗を持った姿がみっともなく思えて、家に帰って鏡を見てきました」とは言えず、私は袋小路に追われて逃げ場を失った小羊のように、団旗を持ったまましょぼくれてしまった。「申し訳ありません」と頭を下げて謝るのが精一杯だった。この職員は、かつて工作の事務所で私が工員たちの工程表に残業の計算を間違えて計上したときにどなられた職員である。私のたび重なるミスに彼はさぞ苦りきっていたことだろう。すまないことをしたものだと思っている。

そのころ私たちは金山から出征し、日中戦争で転戦している兵士たちのところに慰問文を書いたり慰問袋を発送したりで忙しかった。新発田の連隊に傷病兵をねぎらいにゆき、佐渡おけさを踊って兵士たちに喜んでもらい、帰りには加治川（かじかわ）の土手の桜を見て帰ったこともあった。

晩秋のある日、私たちは兵士の留守家族を慰問して歩いた。

私たちは金山の仕事を済ませ、帰宅後夕食を取っていくつかのグループにわかれて慰問した。私たちのグループは鹿伏（かぶせ）という漁村だった。この漁村は町はずれの春日崎の岬にゆく海沿いの小さな集落で、石垣の積まれた狭い道路の下はすぐ海につながっていた。無数の岩礁が夜目にも白い磯しぶきをあげて吠え、晩秋を迎えた日本海は暗い藍色の中でざわめきたっていた。強い季節風を防ぐため、漁村の集落は二メートルもあろうかと思われる蘆（あし）を組んだ囲いがしつらわれていたが、中に入ると海鳴りの音が急に和らぎ、藁葺き屋根の点在した漁村は嘘のように静まりかえっていた。家々から洩れる薄れ灯は、安堵とも悲しみともつかぬ感慨を私たちに投げかけた。

「こんばんは……、こんばんは……。お留守ですか？」

国防婦人会の襷をかけた私たちが薄暗い土間に入って言葉をかけると、奥の方でごとごと音がしてようやく老人が現われた。私たちの姿を見ると、

「へぇ、これは、これは」

と恐縮し、上がり框に出て深々と頭を垂れた。漁村のどこの家でも軍帽と軍服に身を固めた直立不動の息子たちの写真が額に納められ、煤けた壁に掲げられていた。そこにはかつて息子たちと住んだ横溢した生活の張りは見られなかった。

「おばあさん、出征した息子さんのところから、お手紙届きますか？」

「へぇ、この間、便りが着いたばかりですがのぅ。無事でいるから心配せんでもいい。そんな

簡単なことしか書いてのぅてのぅ。それでも便りがあれば安心ですっちゃ」

私たちは「もう出征されてどのくらいになりますか」とか「お一人でお淋しいでしょう。またときどき寄せてもらいます。元気で頑張って下さい」などとそれぞれの思いを込めて老人たちを慰め、ささやかな心入れの品を差し出すと、私たちの厚意に目を潤ませてそれらの品を押し頂きながら、

「こんなに夜遅うなっても、こうして留守家族のことをば心配して下さってのぅ。息子が聞いたらさぞ喜んでくれるだろうがさ」

「早う戦争がすんでくれて、息子が無事帰ってくれる日を、仰山な気持ちで待ってますっちゃ。なにしろ親一人、子一人。淋しゅぅて埒ゃかんちゃ」

おぞましい戦争の終末を予測するすべもないまま、悲しみを内に秘めた老人たちのため息を背に、私たちは漁村を囲む蘆の高い囲いをくぐって外に出た。海鳴りのざわめく夜道に風が荒々しく吹きまくっていた。国防婦人会の襷をかけた娘たちの群れが肩を寄せ合いながら遠くに瞬く町の灯に向かって歩いていた。

日中戦争が勃発して一年余りの間に、上海・武漢三鎮（ぶかんさんちん）などがつぎつぎと陥落し、そのニュースがラジオや新聞で大きく報じられるたびに、この町でも昼は小・中・女学生たちが太鼓を打ち鳴らし、軍歌を歌って賑やかに旗行列に参加し、夜は夜で町内会の人々や国防婦人会の人た

ちが白い割烹前掛けに国防婦人会と染め抜いた襷をかけ、提灯行列に加わった。しかし華々しい戦果が報告されていた昭和十三年ころ、町には傷ついた兵士たちが戻り、戦死者が無言の帰還をしてくるようになった。町ではようやく戦争の恐ろしさを現実のものとして受け止めるようになっていた。

家の隣の棟梁夫婦のところは、長兄が陸軍中尉か大尉で帰還したように記憶している。温厚な彼は頭脳明晰で、出征前は町役場に籍を置いていたが、のちに新潟県各地の税務署長を務め、地元の相川でも税務署長を務めた。やがて彼は大蔵省の役人になった人だが、しかし彼の弟たち二人はこの日中戦争で戦死し、中の一人の弟は、帰還後不慮の自動車事故でこの町で死亡している。温厚で実直な棟梁夫妻はたくましい四人の息子を持ちながら、長男一人だけが残り、二人の男子を戦場に散らせ、一人が事故死に遭っている。戦死した次弟は東京の麴町署で巡査を拝命していたという。剛毅さを備えた体格のいい彼は、ときおり休暇で帰省していたことがあった。秋に近い季節、隣家に住んでいた私は、自宅の前に畳を出して煤掃きの手伝いをしている彼の姿を見かけたことがあった。青年は当時同じ石扣町の生け花の師匠の家の娘さんと婚約していたようだった。彼は帰省すると娘さんの家を訪れていた。その彼に召集令状が来た。私は当時夕食のあと、母に言われるがままにこの師匠の家に生け花を教わりに通っていた。彼は二階の娘さんの部屋をよく訪れていた。大柄の彼が歩くたびに二階の床がみしんみしんと鳴った。その娘さんは丸顔に大きな瞳を持つ洗われたような魅力のある人で、落ち着いた身のこなしの中にどこか憂いをこめた感じの女だった。

　一階の薄暗い電灯の下で終始重い口で葉蘭の活け方を教える小柄の先生と、花を習うという意志もなく、ただ押し黙って活けている私。無味乾燥な息づまるような陰気な部屋の雰囲気と、やがて出征してゆかねばならないわずかなひとときを純な二人が火のついたように情熱を寄せあっている二階の部屋。戦争という重く濁った心のひずみを常に感じながらも、ただなんとなく虚無的に生きている私。生かされている青春の刹那を、最も有意義に生きている二階の二人。天井板を挟んだ私と彼らとの空間にあるものは、一見異質と思えても、そこにあるものはやはり戦争という癒しがたい心のひずみであったと思う。彼は愛しい人を残したまま戦死した。彼が戦死したとき、彼をも含めて七人の戦死者が英霊となってこの町に帰還した。日中戦争のさなか昭和十三年の春のことで、町では小学校で合同慰霊祭が行われた。

　その後も石扣町では戦死者がつぎつぎと出た。あの質屋の兄弟二人も、凜々しかった銀行員の兄弟二人も、家の斜向かいに住んでいた金山に勤めていた青年も、みんな戦死してしまった。なんの疑心もなく大和魂を吹き込まれて育った多くの若者たちが、国のために死に赴いていったのである。

　石扣町に住む豆腐屋の長男が金山の築港に務めていた。この日中戦争で、戦死こそしなかったものの、銃弾に倒れた彼は、両手両足を切断されて内地に護送されてきた。そんなおり、隣家の棟梁夫妻の長兄が、町内の人々に出迎えられて凜々しい軍服姿で帰還してきた。彼が自宅

前で出迎えてくれた人々に帰還の挨拶をしようとしたとき、豆腐屋の母親が人をかきわけながら彼の軍服に取りすがり、

「あんやんはこっげ立派な軍服姿で帰ってきたっちゅのに、うちの息子だけが、なんで、こんげダルマさんになって帰らんばならんのだっちゃ。いっそのこと、戦死してもろた方がまだよかったがさ。息子が不憫で、不憫でならせんのだっちゃ」

母親は身をよじらせ、声をあげて泣いた。

ダルマのように手足を切断されてしまった兵士の母の激しい憤りと悲しみ。どこにもぶつけようのない狂おしいまでの葛藤を、いまこの母親は帰還したばかりの隣家の兵士の前に叩きつけていた。母親は傷つき果てた痛々しい息子を内地の陸軍病院に見舞って「どんなにかきついことだろうになぁ」と、息子の前で身も世もなく泣き崩れたことだろう。

なんと慰めようにも慰めようもないほどの重い黒ずんだ空気が、隣家の長兄の帰還を祝って集まった近所の人々の心にずっしりとのしかかっていた。

「なにを言うちゃ、生きて帰れたんだがのぅ、喜ばにゃいけんがさぁ。医者の技術も進んでいることだし、不自由せんでも、必ず手も足をつけてもらえるがさぁ。希望もたんばならん。しっかりせんばいけんちゃ」

隣家の老母はそういい、帰還したばかりの自分の長男の前で泣きじゃくる母親になおも、

「母親(うめ)のお前がしっかりせにゃ、あんやんが気の毒だがさぁ。それにのぅ、町のみんなが、い

やぁ日本国中のみんなが、傷ついて帰った兵隊さんやその家族や遺族の者たちに、一生懸命立ち直ってもらぅと、願っているんだっちゃ。くじけちゃいかんがさ。しっかりせにゃのぅ」

隣家の老母は東京で巡査をしていた次男が戦死したばかりだったが、気丈だった。豆腐屋の母親はそうした励ましの言葉にもいっこうに耳を貸そうとはしなかった。

「おれの大事な倅を、あんな、身体障害者にされっちまって……。どうしてくれるんだっちゃ。うちの倅ばっかりが、なんであんな身体障害者にされなきゃならんのだっちゃ。倅になんの罪があるというんだっちゃ……」

無事帰還した兵士と、傷ついた兵士。同じ石扣町から出征していった兵士の明暗がはっきりとそこにあった。

私は隣家の長兄の無事帰還を祝うため、さきほどから近所の人々の群れの中にいて、この光景を垣間見ていた。豆腐屋の御曹司の彼が、かつて金山の築港に務めていたころのあの澄んだ瞳と背の高い端正な顔立ちを思い出し、ふっきれない悲しみが湧いていた。戦争の犠牲となった罪なき大衆。日本のどんな小さな町にも村にも、国という権力のもとでむごい痛手を受けながらも、戦争を容認しそれに耐え、協力してゆかなければならなかった庶民の声なき息づかいがあったはずだった。この島の金山町でも、家族や恋人たちの深いため息の中で、中山峠を越えてどれだけの若者たちが出征していったことだろう。そして再びこの中山峠に帰ってきた兵士の英霊は、この日中戦争だけでも三二七柱にものぼったという。

隣家の老夫婦は長男だけは無事帰還したものの、二人の弟たちをつぎつぎと戦死させているのに、「しょうがないがさ、息子たちは国のために立派に散っていったんだもん。親がメソメソ泣いていいたんじゃ、息子たちは靖国神社に迷って行けやせんちゃ」とこの老母は淋しく笑っていた。

この気丈な老母の長男のK氏は、のちに大蔵省の役人として高い地位についていたが、長い役人生活を終えて退職。辞任後間もない昭和五十四年二月、彼は急逝したのだった。

北風の吹きすさぶ日、私は弟と大宮(おおみや)のK氏の自宅へ葬儀に参列させてもらった。外では弔問の人々の黒い列が、冬枯れの木々の立ち並ぶ寒々とした屋敷町の両側に長く続いていた。広い祭壇には大臣や衆議院議員の花輪が並び、弔問の列が続いていた。遺族の人々にまじって、うなだれて蒼ざめた夫人の喪服姿が印象的だった。私は弟とともに葬儀の端に加わり、ひそかに彼の遺徳を偲んでいた。

彼の死は突然のものだったという。死の二日ほど前、私は彼ら一家のことを文中に書かせてもらった『遠い海鳴りの町』の本を手紙を添えて送らせてもらった。彼が私の本と手紙を受け取ったのは、彼が死へと旅立つ直前だったという。彼は私からの手紙を読み終え、私が一年前に夫を亡くしたことを知ると、

「自分たちよりお若かったであろうに、気の毒なことをなさった……」と感慨深そうに言った

という。そう言い終えた直後、彼は倒れたそうである。私はそのときのようすを、彼の葬儀のすんだあと、いく日かして夫人からの電話で知った。

「あんたさんに贈っていただいた本は、主人のお棺の中に納めさせていただきましたっちゃ」

という夫人の声は電話の向こうで震えていた。

私の手紙が彼の終焉を飾る日に読まれ、そして彼に贈った本はそのまま彼のお棺に納められたのである。

私は取り返しのつかない喪失感を味わっていた。生前のあの朴訥で控え目がちだった彼の顔が私の中をよぎった。

「主人は勉強好きな人でしたっちゃ。大蔵省の高級官僚たちの中で、いろいろ対処してゆくのにたいへんな努力がいったんでしょう。家に帰っても新聞を読むことと、机に向かって仰山な本を読むしかない生活でしたっちゃ。私は主人に怒られてばっかりでした。もう、その怒ってくれる人もいのぅなりましたっちゃ」

電話の向こうの夫人の途切れがちの涙声が、夫を慕ういじらしさににじんでいた。茫々とした風が私の内部を吹き抜けていった。私にもこの夫人と同じ思いが流れていた。置かれた環境はまったく異質なものだったにしろ、話す相手も、いさかう相手もなくなって一人取り残された立場は同じで、夫を亡くして一年二ヶ月しか経っていない私は、夫に見捨てられたような味気なさを、この夫人の言葉の中で改めて味わっていた。

彼女は夫のK氏とはいとこ同士だったという。彼女は相川町の先にある県立の高等女学校の才媛だった。当時私たちの住んだ石扣町の家は、棟梁だった彼女の父が自分の家として建築したものだと、のちに私は知った。彼女の夫のK氏は佐渡を離れ、新潟の各地を転々としていたため、彼女は夫との長い別居生活を送っていた。私が隣家に住んでいたころ、彼女は彼の両親と石扣町の留守宅を守っていた。姑は「うちの嫁はだんまり屋で、黙々と裁縫ばっかりしていますっちゃ」とくったくなく笑っていたが、なるほど彼女は奥の薄暗い座敷で、引きつめた髪に背をかがめるようにして縫物をしていた。いく年も夫と離れて暮らす生活は、若妻にとって耐えがたく味気ないものであったに違いない。

K氏は無口な青年だった。結婚前、まだ役場に勤めていたころの彼は、休日になると短い絣の着物の筒ぽう袖の口に両手を突っ込んで腕組みをし、口笛を吹き鳴らしながら町に出た。彼は家の中でもよく口笛を吹いた。口笛は私の家にもよく聞こえた。澄んだ音色はすすり泣くようにあたりの空気を震わせ、一息入れる間もなく弦を奏でるかのように高い音色に変わった。口笛は命を燃やさんばかりの情感で鳴り響いた。私は彼の口笛の旋律を聞くのが好きだった。

その彼の両親も、K氏を含んだ四人の兄弟も、いまは黄泉の国へと旅立ってしまった。

同じ石扣町に住んでいた酒造りの老舗の御曹司であるK氏は、品格のいい白髪の老紳士である。彼は学生時代のほとんどを実家から離れて東京に住んでいたという。彼の話によると、彼は新潟の高田山砲隊に入隊し、日中戦争を経てやがて太平洋戦争に突入すると、彼の部隊の七割方が南方のビルマ（いまのミャンマー）、インパールの戦闘に駆り出されたという。彼はこの地で終戦までの六、七年を、陸軍大尉として戦った。当時ビルマ方面には三十万の兵士が動員され、二十万の兵士が戦死したと聞いた。彼はあの激しい戦禍の果てに死んでいった兵士たちの慟哭が、五十年以上を経たいまも、生々しい実感をともなって聞こえてくると言った。彼はのちに私に『山砲兵士第三十三連隊戦記』を送ってくれた。この戦記は彼が高田に駐屯していたころの生き残った兵士たちが書き綴った日中戦争の記録であった。彼はこの本を出版するにあたり、本来の自分の仕事の合間を縫っては、当時の生き残った兵士たちの消息を、あの地この地と足を運んで探しあてては原稿依頼に奔走したという。彼はそのころビルマ、インパールの膨大な戦記に挑んでいるとのことだったが、これもすでに完成している。彼はビルマで戦死した兵士たちの慰霊碑建立にもたびたび現地を訪れて奔走していると聞いたが「これは生きて帰還した兵士たちの責任で、僕は生涯彼ら戦友たちの霊を慰め続けてやらねばならないのです」と言いきっていた。

戦争のもつ重さ、激しさ、おぞましさ。戦争とは一体なんであったのか。

## 女の戦場

戦争は男ばかりの世界ではなかった。

ここに書かせてもらう二人の婦人は、戦争がかもし出した思わぬ障害にぶつからざるを得なかった人たちである。その一人は私より一年先輩のYさんという婦人で、彼女は相川町のある料亭のお嬢さんであった。私が金山に勤務していた当時、彼女は金山の現場技師と結婚し、上町の職員社宅に住み、三人の子供たちを囲んで幸せな結婚生活を送っていた。

彼女の夫は昭和十九年の終戦間近に外地の山奥の鉱山に赴任することになった。彼は彼女に一緒に外地へゆくことを勧めたが、彼女は夫の祖父とその両親を内地に残してゆくことに嫁の立場を考えて夫に心惹かれながらも、子供たちと内地にとどまることにした。外地の夫から最初のうちは手紙が届いたが、その後彼女が手紙を出しても返事がこなくなったという。音信の途絶えたままの別居生活はなんと十年、二十年、三十年と続いていった。焦燥と苦悩のはざまに立たされながら、彼女は三人の子供たちを抱え、夫の実家で夫の祖父とその両親の面倒を見ながら、二、三十坪はあろうと思われる山林と田地を守り続けた。彼女はあれから五十有余年を経た現在も、田植どきになるとみずから田に入って苗を植え、稲を刈り、自家製米はもちろん、農協にも供出しているそうである。その間、夫の祖父と両親を看取り、三人の子供たちをそれぞれに嫁がせ、農作業のかたわら踊りや詩吟、手芸そして社交ダンスと幅広く楽しんでいるという。昭和五十三年ころだった。私は「ご夫君のこと、どう思っていらっしゃるんですか？」とたずねてみたことがあった。

「ええ、あれから四十年余りが過ぎました。夫が外地へ行った一時期、私はこちらから何度も手紙を出しました。成人してから子供たちも父親に手紙を出していましたが、返事は一度もありませんでした。おそらく彼には手紙を書けないなんらかの理由があったんでしょう。子煩悩の優しい人だっただけに、心の葛藤もそれなりに大きかったと思います。もう私には、彼に寄せる愛とか、憎しみとかはありません。二人の愛は、もう遠い過去のものとなりました。人づてに聞いたことですが、彼が外地で元気に活躍していることは確かなようです。いまは幸せに暮らしていてくれたらいいと思うだけです。娘たちもそれを望んでいますし……。ただ姑が臨終の床で言い残した言葉が気になります。『とうとう、息子は帰って来てくれなかった。親を捨て、妻子を捨て、遠い外地へ旅立って行って、そのまま何十年という長年を、音沙汰一つない。あんな不肖の子に育てた覚えはない。一体あの子は外地でなにを考え、なにをして生きているのか……』と姑は息子の不徳をなじり、弱々しい息の中から嫁の私に息子の不徳を詫びていました。そのことだけが不憫でなりません……」

彼女の瞳が心なしかうるんでいた。

しかし嫁にそう詫びた姑の心には、臨終の床にあってさえ、息子がいまにもここに戻って来てくれるのではないかと思う、一途の祈りが込められていたのではないだろうか。この姑は永い年月、息子の消息を、息子の息遣いをひたすら待ち望んでいただろうに……。とうとうこの姑は息子の手のぬくもりに触れることもないまま、逝ってしまったのである。

彼女はなおも言葉を続けた。

「私たち家族はなにごとも物事を善意に解釈しようと思って生きてきました。いまもその心は変わりません。私はいま、孫たちに囲まれて幸せに暮らしています。ただ夫に言いたいことがあるのです。これまで四十有余年間守り続けて来た私たちの家庭という城を、そして山林と田地を土足で踏みにじるようなことだけはしてほしくないのです。これだけははっきり言っておきたいのです。夫と離れて四十有余年を生き抜いた女の歴史は、私にとっては重くかけがえのない人生でしたから……」

彼女は男まさりの気丈な女性である。彼女の内部は混沌とした激しい心の痛みを抱え込みながら、それを貫き通して生きたという女のたくましい自負が見られた。その顔には明るく解きほぐされた充実感さえがうかがえた。

私は彼女の夫のことは同じ佐渡金山に勤めていた関係でよく知っていた。機械油のしみ込む騒音の止まぬ熔接工場や鍛冶工場の立ち並ぶ構内の坂道を、細い黒縁の眼鏡をかけた痩身の彼が、みどり色の作業服をまとい、海から吹きつける風を背に、肩をすぼめて足早に職場の精錬所に向かって歩いていく姿を私はこの坂道の崖下にあたる電気の現場事務所からよく見かけた。彼は都会派のインテリゲンチャという感じの青年技師だった。ある日、夕暮れ近い電気の現場事務所に試験管を両手に抱え「ここでやらせて下さい」と職員に言葉をかけ、窓ぎわの机の前に腰かけ、鉱石の中の混じりものでも調べているのか、試験管と向き合っていた彼の姿を思い出す。

できることなら私はいま彼に言いたい。留守を預かって寡婦同然に生きている妻や子供たちの住む母国日本に一度でもよいから帰って来て、労をねぎらってやって欲しいと。もちろん彼が外地の山奥に転勤して以来、四十有余年を生きたということは、私が想像する以上に波瀾万丈な生きざまであったに違いない。彼には彼なりの世間並みの形式や秩序にとらわれない、いやそうしたことを切り捨ててまでも、外地にとどまらなければならない理由があったのだろう。これは私の憶測ではあるが、彼は多分こうしたことを言うのではないだろうか。

「いまさら、どうにもならないんだ。外地のあの深い闇の奥の、戦争を媒介した不穏な空気の漂う鉱山(やま)に一人来た僕だ。戦禍の真っただ中にいた僕は、その後もずっと生きることだけで精一杯だったんだ。日本人だということでどれほどの迫害を受けてきたことか。敵国に来て誤解を受けながら、お前たちが知らない、生死をかけての生活を続けてきたんだ。戦争がいけないんだ。戦争がすべての歯車を狂わせてしまったんだ」と。

それにしても彼は音信一つせず、最愛の子供たちを残し、三十年、四十年。いやことによったら一生になるかも知れない、この想像を絶する別離の現実を無言のうちに妻に容認させたのであろうか。祖父や父母、子供たちの養育、家の一切の取りしきりを妻にゆだねているということは、逆に考えれば妻への絶対の信頼があってのことだったのか。砂漠の夕焼けは、自然の摂理を欠いたすさまじさを露呈することがあるというが、彼らの人生の軌道も、まさに戦争を媒介にした自然の摂理を欠いたすさまじい道のように思えた。

いま彼女は夫との過去をすっかり風化させてしまっている。彼女をこれまで支えてきた力わざともいえる堅固な意志は、一体どこからきているのだろう。それはおそらく、そむかれた者に残されたしたたかな女の業、女の意地だったのかも知れない。

日中戦争から太平洋戦争へと、熾烈をきわめた戦争体験をこのYさんのようにこうむった人もいるが、いまここに綴るN氏夫妻は、北朝鮮でこのどす黒く集約された生々しい戦争体験に遭遇した。

N氏は昭和九年に地元の中学を優れた成績で卒業すると、佐渡金山に実習生として入社した。彼は入社と同時に北朝鮮の忠清北道（ちゅうせいほくどう）の月田鉱山に赴任した。そのころ三菱は朝鮮に多くの金銀山を買収して開発を進めていた。

彼が朝鮮に赴く日、私は偶然にも家の前で長身の彼がバス停に向かって歩いてゆく姿を見かけた。彼は現在、威風ある貫禄を備えた紳士になっているが、当時は均整のとれた凜々しさを備えた青年であった。

北朝鮮に渡ってからの彼は、家族をも含めて戦争という防ぎようもない悲惨な事態に遭遇している。戦争は男だけのものではなかった。そこには女をも乳飲み子をも巻きぞえにした戦いの渦が吹き荒れていた。

この戦火を逃れ、朝鮮から命からがら脱出してきたというN氏夫妻から、私は次のような話を伺ったことがあった。大要すると――

北朝鮮の月田鉱山に勤務していたN氏は、その後同じ北朝鮮の会寧鉱山に勤務した。彼はここで炭坑と耐火煉瓦を製造していた○○組の社長に才能を見込まれ、鉱山を辞めてここで技術の仕事に携わった。彼はこの時期、地元相川の実業家の息女（現夫人）と結ばれて会寧で幸せな新婚生活を送っていた。しかし、その後間もなく現地で軍隊に召集された。終戦間際になってこの会寧に突如ソ連兵が侵入してきたことにより、彼らの平和な生活は壊されていった。

彼は昭和十年十二月に北朝鮮の羅南山砲兵第二五連隊に入隊し、ここで五年間の苦汁の軍隊生活を始めた。十三年の夏、ソ連との「鮮満」国境紛争、張鼓峰事件に参戦。決死隊に選ばれた彼は闇夜のなか豆満江を渡り、砲一門零距離射撃でソ連戦車を撃退した。戦いすんだ豆満江の河辺で戦友を担いだ慟哭を彼は忘れていない。

彼はその後も羅南で軍隊生活を長く続けた。この付近の地名もほとんど暗記できるほど羅南は、彼にとって親しみ深い地となっていた。演習に出ると彼は得意の朝鮮語をフルに活かし、現地の住民を使役しての設営担当もしていた。紀元二千六百年を祝う百一発の皇礼砲も中隊で彼が担当し、号音をとどろかせたのも羅南北方高地だった。羅南山砲兵第二五連隊に入隊して以来十年。敗戦によりこの同じ羅南の地で武装解除の日を迎えた彼は、日本の支配下にあった朝鮮とのかかわりあいを改めて考え、深い感慨にふけったという。

終戦の前々日、彼は妻の住む国境の町会寧にソ連兵が介入したことを知らされたが、すでに敗戦で武装解除となったいま、混沌とした羅南で自らの生存を知らせるすべも、助けにゆくすべもないまま、いたずらに焦燥の日々を送らなければならなかった。

一方夫人は夫のいない会寧で、臨月の身を抱えて一人で留守を守っていたが、終戦の二日前に突如ソ連兵が侵入してきた。町はにわかに騒然となった。軍当局の指示で邦人に避難命令が出され、夫人は重い臨月の身を抱えながら砲弾を逃れ、わずかな身の回りの荷物を抱えて、恐怖に怯えながらおおぜいの避難民の群れにまじって、会寧から鉄原までの遠い道のりを黙々と歩いた。夫は軍隊に入ったままで消息がなかった。彼女は避難民の列に加わりながら身籠った身で夫の安否を気遣い、これから生れ出ようとする小さな命に想いを馳せ、不安と焦燥の念でその重く切ない心は光のない冬の海の砂底に埋もれてゆくような絶望感にかられた。

黒蟻のように続く避難民の長い列はようやく目的地の鉄原にたどりついた。彼らは鉄原から三十八度線を越え、貨車で南朝鮮の京城（いまの韓国のソウル）に出れば、そこから日本に帰れるめどがつくと聞かされていた。みんなそのつもりで一条の期待をかけて避難してきたのだった。しかし鉄原から京城に向かうべく貨車に詰め込まれた彼らの一行は、三十八度線を越える手前の西興津?という駅に着いたとき、軍当局の指令で「この先は危険地帯」と言われ、再びいま来た道を鉄原まで引き戻されることになった。彼女の乗った貨車は、一両に百三十人もの避難民でひしめきあっていた。この貨車の停まった西興津?という駅は、ソ連兵の宿舎のあるところだった。早朝ソ連兵の大男たちは、殺気立った様相でドカドカと貨車の中に乗り込んできた。彼らは一様に「女はいるか。女はいるか」とわめきながら、車内にすくんでいる若い女たちを片っ端から引きずり降ろした。女たちの泣き叫ぶ悲鳴が線路上で聞こえた。その悲痛な叫びはいまも彼女の脳裏に焼きついて離れないという。幸い彼女は臨月の大きなお腹を抱えていたため難を逃れたが、貨車の中は怯えのために誰一人声を出す者はいなかった。彼女はこの衝撃で身体が小刻みに震え、その震えは抑えようにも抑えきれるものではなかったという。阿鼻叫喚の殺気立った雰囲気の中で、彼女はやがて産気づいた。人々のはからいで、彼女は二十人ほどしか乗ってない隣の貨車に移してもらった。せまい貨車の中の床にワラが敷かれ、彼女はそこで乳飲み子を生み落とした。避難民の中に幸い助産師が乗り合わせてくれたことが、彼女にとってどんなに心強かったことか。赤ん坊のうぶ声が人々の索莫とした心を潤してくれた。ちょうどそのときだった。この貨車の止まっている駅に米兵を乗せた貨車がゆっくりと通りかかった。彼らは日本の避難民とわかってか、すれ違いざまに段ボールに入れた食糧を投げ込んでくれた。次に真新しい毛布が二、三枚ほうり込まれた。その毛布の一枚は、いま生み落としたばかりの母子の背に掛けられた。彼女は米兵の人種を越えた憐憫の情や、計算されない直感的な人間本来の愛情をたいへん尊いものとして涙したという。

翌日、彼女はいま停車しているこの貨車が、そのまま西興津？の駅から鉄原に戻されてはたまらないと、前日生み落としたばかりの力のない身体で、おおぜいの避難民と一緒に乳飲み子を背負って混乱した貨車から夢中で線路の上に飛び降りた。それは神わざに等しい冒険だった。彼女は乳飲み子を抱えながら興南（こうなん）までの長い道のりを避難民の列から遅れまいと、フラフラしながらも必死に歩いた。興南には避難所が用意してあるということだった。途中、空腹と疲労で倒れていった人もかなりいたが、彼女たち避難民はこれらの落伍者をかばうだけの気力も体力もなく、一様に空腹と疲労を抱えて外敵から身を守り、死の恐怖に日夜さらされながら、青ざめ、怯え、うなだれ、長い興南までの道のりを砂ぼこりと汗にまみれながら歩き続けた。死の行進とも思えるこの列の中で彼女は乳飲み子を抱え、夫の身を案じ、深刻な孤独のはざまにさらされながら歩いた。こうして一行はようやく興南の避難所にたどりついたのである。

興南は海の見える大きな町だと聞いたが、食べる物のほとんどない避難所での生活は、乳飲み子を抱えた彼女には地獄のような毎日だった。乳飲み子は出ない母親のおっぱいを吸う力もないまま、三十九日目で母の背に負ぶさったまま亡くなった。彼女は悲しみの中、乳飲み子の遺爪と遺髪を身につけ、なきがらを興南の小さな丘に埋めてそのかたわらに木片の墓標を建てたという。

乳飲み子を亡くしたやるかたのない痛手をこうむった彼女の元に、どこからともなく夫の消息が入った。夫は朝鮮のどこかの地で切り込み隊長として戦ったが戦死したというもっぱらの噂だった。彼女は飢えと戦いながら乳飲み子を亡くし、そのうえ夫の戦死の報に接して茫然自失の思いだった。

興南の避難所では、飢えと高熱でウジの湧いた身体で人々がつぎつぎと栄養失調で死んでいった。彼女もマラリアに四回もかかり、人々から「こんどはあんたの番だ」と言われながらも、ともすれば滅びに向かっていこうとする肉体の衰え、精神の軟弱さを自らの強い意志で克服していた。彼女の中には夫の生還をひたすら信じ、それに向かって自分も生きなければならないという、尋常でない信念が培わされていったのである。

ここ興南の避難所に集まった生き残りの人々は、どの顔も蒼ざめてその目は病と疲労でうつろだった。しかし死の淵に落とされた人々の生へ向ける執念はすさまじく、彼らは飢えをしのぐために必死になって近くの民家に食糧を求めて歩いた。彼女もこれらの人々と一緒に朝に晩に彼らと同様の生活をしなければならなかった。興南の民家に少しでも煙の出ているところを探しては食糧を求めて歩いた。入り組んだ町のあちこちに避難民の黒い影が蠢いていた。朝鮮の人々は、避難民に近づいては漬物やとうもろこしなどの食糧を恵んでくれたが、それらの物を渡すと人目を避けるようにそそくさと家の中に入った。彼女はこの興南の避難所で十ヶ月を過ごした。その間に日本の敗戦を知らされた。敗戦により朝鮮の日本に向ける悪感情は極度に高まり、彼らは日本人を蔑視し、まして物資を恵むなどの行為は一切考えられないことだった。しかし興南の人々は敵国、人種の差別を越えて、あいかわらず避難所の彼らに物資を恵んでくれた。彼らのひそかな人情を、彼女はいまでも述懐して感謝している。

終戦の年の十二月ころだった。彼女の元に思いがけない朗報が入った。彼女の夫は日本人会の調査で生存が確認されたのだ。しかし朗報は入ったものの、いつ夫に会えるかもわからないまま、刻(とき)はいたずらに過ぎていった。そんな焦燥の高まる中の昭和二十一年五月、彼女は疲労困憊のやつれ果てた身で釜山(プサン)からヤミ貨物船を使って、十何人かの同胞とともに脱出を試みた。必死の脱出行だった。彼女は船底にはいつくばって監視の目を逃れ、東シナ海のうず潮に翻弄されながら、いく日もかかって必死の思いで博多に入港した。途中ヤミ船の船上からランプの灯のような小さな光の点滅を見たとき、彼女は日本に着いたという母国への郷愁と安堵で、同胞とともに手を取りあってむせび泣いた。

入港と同時に彼女は福岡の陸軍病院に運ばれたが、その二、三日後、夫の父と彼女の両親が見舞いに来てくれた。郷里のお社(やしろ)で裸でお百度参りをして娘の生還を祈ったという彼女の父は、娘の入院した福岡の陸軍病院で娘と会ってわずか九日目で急逝した。ヤミ船で戦禍を逃れてようやくたどりついた娘のやつれ果てた姿を見た父は、安堵と憐憫の情で一挙に疲労が出たのであろうか。

「父は私の身がわりで死んでゆきました。いわば私は、父に命をもらったも同然です」

父を亡くした悲しみで彼女の声は震えていた。私はそこに砂の崩れにも似た生と死を見せつけられていた。

彼女は女学校では私の後輩にあたる人だった。その彼女がいまわしい戦争の坩堝の中で死の恐怖にさらされながら、乳飲み子を餓死させなければならなかった苦渋の日々。戦争の修羅の一瞬一瞬を死にもの狂いで生き、地獄絵さながらの世界を体験したのである。その生々しい戦争の極印は、おそらく彼女の心の奥深くに刻まれたまま永久に消失することはないであろう。

羅南の練兵場で終戦を迎えた夫君のN氏もその後復員し、仕事のかたわら現在は日中友好に力を注ぎ、郷土相川のためにも積極的に貢献を続けている誠実な人である。

## 疎開先で迎えた終戦

昭和十六年十二月八日の真珠湾攻撃で太平洋戦争の火蓋が切られた。それ以来国内に初めてB29による空襲があったのは翌昭和十七年四月十八日のことだった。本土の主要都市、東京・名古屋・神戸へ十六機の爆撃機が来襲したのである。私が結婚し、世田谷(せたがや)で落ち着いた生活をするようになって間もなくのことだった。空襲警報の異様なサイレンが鳴ると、遠く爆音を立てて黒く不気味な光を見せたB29の爆撃機の群れが飛来した。私はそのとき、戦争にいどむ挑戦者の恐ろしさを初めて体験した。しかし、それっきり本土への空襲はとだえた。これを機に、井の頭線の沿線では町会ごとに防災訓練が行われるようになった。銘仙の着物をほぐして作ったモンペに防災頭巾をかぶった私は、バケツ持参で町会の訓練に参加した。しかしこの訓練は、開戦して一、二ヶ月の頃のことで、日本がマニラ・シンガポール・アッツ島を占領したという大本営発表のニュースに民衆は酔いしれていた。空襲があったとはいえ、こうした訓練は真似ごとくらいにしか人々はまだ受け止めていなかった。しかしそれからいくたびとなく本土への大空襲が展開されていくのであるが、この太平洋戦争で東京に大空襲のあることを恐れた姑のはからいで、私は当時二歳の長男と一歳の長女を連れて母の住む小千谷に疎開したのである。昭和十八年八月のことだった。翌年の十一月二十四日、東京にB29の空襲があり、翌二十年三月九日から十日にかけての大空襲で、本所・深川・浅草など二百三十万戸が焼失し、死者は十二万人にも達した。ついで五月二十五日、山手一帯が大空襲を受けた。このうち続く大空襲で、小千谷駅には東京から黒いモンペに防空頭巾をかぶった老人や女たちの群れが、鍋・釜・衣類などを背負って黙々と列車から降りてきた。どの顔も青ざめ、眼だけが異様な荒々しさで光っていた。私はその群れの中に夫と夫の家族を追い求め、毎日のように信濃川にかかった旭橋(あさひばし)を渡って駅に日参した。夫の姿はなかった。避難してきた老人は夫の住む道玄坂一帯は焼夷弾が投下されて全滅したと言った。私は茫然と立ちすくんだ。その後通信網が断たれたまま、三ヶ月に近い月日が流れていった。その間に硫黄島が玉砕し、沖縄では島民の集団自決があいついだ。

疎開先のわが家に夫がゲートルを巻きリュックを背負って現われたのは、八月一日の昼ころだった。夫は私たちの心配をよそに「五月二十五日の大空襲で、道玄坂一帯は焼夷弾に見舞われて焼け野が原になったが、隣家に落下した焼夷弾がさいわい不発だったので難を逃れた」と話した。この大空襲の日、夫は一人身の気安さから、すぐ近くの氷川(ひかわ)神社の崖にのぼり、燃えさかる渋谷方面の火の海を眺めていたと言った。

夫が疎開先のわが家を訪ねてきた八月一日のその夜は、近くの長岡市がＢ29の大空襲を受けて全市が焼失するという大惨事に見舞われた日だった。

この日は朝から太陽が燃えさかる暑さだった。夜に入り轟音を立ててＢ29がわが家の上空をつぎつぎに飛来していった。一二六機という大規模なものだった。それからいくばくもなく、遠い山峰に赤い炎がめらめらと吹き上げ、みるみるうちに広大な山の層は猛り狂う炎の大饗宴と化していった。私はこの光景を玄関を出た庭先の高台で、夫と母と妹の三人で、戦きあいながら眺めていた。この炎の海の下を駆けぬけて必死で逃げまどう長岡市民の阿鼻叫喚が聞こえてくるようで、生地獄さながらの様相を想像して私は恐怖で眼の前がくらんだ。長岡は山本五十六元帥の生誕地であったため襲撃されたのであろう。

二時間余りも続いた空襲で長岡市民千四百五十七人が焼死したと聞いた。長岡の空襲からいく日も経たない八月六日、広島に原爆が投下され、八日には突如ソ連が宣戦布告をし、九日には長崎に原爆が投下された。この太平洋戦争で三百十万人の戦死者が出た。そのうちの八十万人は一般市民だったという。同胞の叫びが、慟哭が聞こえてくるようで、混沌とした割りきれない感情は埋めようにも埋めつくせるものではなかった。

八月十五日。天皇の重大放送があるということで、私は隣組の町会の人々と一緒に、隣家の小料理屋に上げてもらい、天皇のポツダム宣言を受諾する旨の玉音放送を聞いた。雑音にまぎれてわかりにくいものだったが、終戦になったことだけはわかった。日中十五年戦争から始まったこの戦争は十三年をかけてようやく終結した。人々の心に安堵とも憤りともつかない思いが交錯した。そういう中で新潟にソ連兵が上陸してくるのでは、という流言飛語が流れた。女子供は近くの山林に避難するか、幼子を抱えた若妻は敵にいやしめを受ける前に、幼児を連れて入水し死を選ぶべきか、というものだった。私は生まれてきた二人の幼児の寝顔を見ながら、こうした時代に遭遇しなければならなかった運命を呪った。しかしこうした流言飛語は、敗戦の混乱がもたらした人々のおののきが駆りたてたものとわかった。そのころ戦地に出陣せず内地の軍隊に留まっていた末弟が、終戦を機に疲れた軍隊服にボロ靴をはいて復員してきた。

## 撃沈された大洋丸

私の勤めた金山の工作課にS氏という工作技師がいた。昭和十三年ころ、金山では大学を出たばかりの理工科系の青年たちが現場の各部門に配属されてきていたが、彼もその一人であった。工作課に配属された彼は白いタオルを首にかけ、作業服のポケットに折り差しをのぞかせ、騒々しいモーターの回転する工場で工員たちに仕事の指示をしていた。褐色の顔に白い歯を見せ、黒縁の眼鏡越しに見せる瞳は人なつこく、いつもすがすがしかった。

その彼と私は『遠い海鳴りの町』を出版したことでめぐりあった。あれから四十年に近い歳月が流れていたが、彼の雰囲気は昔を彷彿させる人なつこさがあった。

「あなたが佐渡金山を辞められた二年後の昭和十七年に軍需省の要請を受け、金山の社命で僕たちはフィリピンに出向したんです。南シナ海でアメリカの潜水艦にやられましてね、九死に一生を得て帰ってきたんですよ」

彼はそのときのことを私に熱心に語ってくれたが、のちに『ノンフェラス行路』という自伝を書いた本を私に贈ってくれた。そこには撃沈された大洋丸のようすが、私に語ってくれた以上に克明に記されていた。これらを総合すると大洋丸が撃沈されたのは昭和十七年五月八日だった。軍需省の要請で日本の大企業は占領地のフィリピンのパラカレ地区、インドネシアのバンカ島（旧蘭印）への企業進出を計画していた。S氏の任務はパラカレ地方の銅鉱山操業準備の先発隊だった。民間人千名、船員二百名、その他に軍人らが乗り込むという大世帯だった。

民間人のほとんどは日本の大企業から選びぬかれたエンジニアや、事務関係のトップクラスの人々だった。三菱関係では三菱商事が百五十名、三菱鉱業から三十二名が選出され、そのうち佐渡金山からは六名が選ばれた。この六名は当時の佐渡鉱山長を初めとして、先ほどのS氏、彼と同期の採鉱技師のK氏、それと若い技手のS氏、それに優れた技術を身につけた工員二人のあわせて六人だった。その他の企業の一行は現在のインドネシアのバンカ島へ出向くことになっていた。

三菱鉱業の一行は広島の宇品（うじな）を出航し、瀬戸内海から下関に着き、ここで石炭を積み込んで船団を組んだが、その時の民船は五隻だった。彼らの乗船した船は大洋丸といって日本郵船所属の旅客船（一万四千四百五十七トン）で民船の中では一番大きい巨船だったという。この五隻の民船は、仮装巡洋艦一隻と駆逐艦二隻に見守られながら、五島列島の沖合まで出たが、護衛区域がここまでだったため三隻の護衛艦はここで退去した。

非情の運命はその二時間後の午後七時四十五分ころに起きたという。

大洋丸は南シナ海のアメリカの潜水艦から放たれた三発の魚雷を受けたのである。たまたまこの日は船中でコレヒドール陥落の祝宴が張られていたのであったが、急遽大洋丸から船員の手で十八隻の救命ボートが海上に投げ出された。しかしせっかくの救命ボートもその大部分が時化（しけ）のために転覆し、六艇だけがようやく転覆を免れたのだった。

最初の魚雷の一発は船尾に、二発目はエンジンルーム、三発目は船首倉庫に当たり、この魚雷は倉庫に積んであったドラム缶のカーバイドに引火して爆発したのだが、船は一気にメラメラと火を吹いて燃えさかり、その直後、大洋丸は直立不動の姿勢を崩さず、スーッと時化の海にその巨体を没していったという。それは魚雷命中から一時間後のことだった。男女群島女島の南南西沖八十五マイルで沈没した。そのときの死亡者は八百十七名で、五百四十三名が翌朝にかけて救助されたという（昭和五十三年五月七日付の朝日新聞の記事より）。

最初の魚雷を受けたとき、S氏はキャビン（船室）にいた。採鉱技師の京大卒のK氏も一緒だった。ドスーンという轟音に驚き、なにごとかと思っているうちに、船内放送で甲板に出るようにとの指示があった。K氏は甲板であらかじめ割り当てられていた救命ボートに向かって順番を待った。ところがボートを下ろすロープの操作がうまくいかなかったのか、一隻のボートがバランスを失って、乗っていた年輩者たちがみんな海中に放り出された。これでは埒があかないと判断したS氏はプロムナードデッキに降りてそこに置いてあった筏を海に下ろそうとしたがあまりに重くて持ち上がらず、やむなくさらに下の甲板に降りていくと、救命艇を下ろすため垂れ下がっていたロープが目に入った。そこでS氏はライフジャケットを身につけ、そのロープをつたって海に飛び込んだ。

氏が海に入って浮かびながら船の方を見上げると、友人の採鉱技師K氏がまだ甲板にいるのが見えた。S氏はK氏に「早く海に飛び込め」と必死に合図したがK氏は躊躇した。彼はいつまでも船のそばにとどまるのは危険と判断し、やむなくK氏を残して船を離れた。そうこうするうちに三発目の魚雷が巨船に当たった。船首が燃えはじめ、みるみるうちに船は沈みはじめた。その間、船中に残された人々は右往左往することなく立派な行動をとっていたという。

S氏が大波の中をしばらく懸命に泳いでいると、近くにいたボートが彼を助け上げてくれた。S氏はそのままボート上で一晩漂ったが、夜中に敵の潜水艦が近くに浮上してきたので肝を冷やした。しかし、幸いにも発見されずにすんだ。朝になってようやく救助にきた海軍艦艇に助けられ、風呂につかることができたが、風呂の湯は海水だったのでちっともさっぱりできなかった。寝室として割りあてられた部屋は大砲の弾の倉庫だったので生きた心地がしなかったという。救助された者は長崎の旅館に収容され、軟禁同様の扱いを受けた。しかし三菱重工の造船所や炭坑の人々が密かに旅館の台所から入ってきてくれたので、ようやく外界と連絡をとることができた。あとでわかったことだが三菱鉱業関係の一行三十二人のうち命をとりとめたのはわずか十二名で、佐渡金山では六名のうち、S氏を入れた二名が助かった。採鉱技師K氏と採鉱技手のS氏は海中に没してしまったのである。当時優秀だった上司や同僚を数多く失ったことが心から悔やまれてならないとS氏は述懐していたが、生死の境は紙一重、助かるか否かは運としか言いようがないとしみじみと言っていた。

爆破寸前まで船室で工作技師のS氏と談笑していたという採鉱技師のK氏は、私の勤めた金山時代、ときおり電気課を訪れた。彼はのちに電気課に配属されてきた加納氏と大学時代が同期だったということもあって彼とよく話していた。半袖の純白の開襟シャツを身につけたスタイリストの彼は、未知数のものを秘めた学究家肌の人で、物静かな顔に叡智をたたえた瞳が印象的だった。

採鉱の技手だったS氏は大洋丸に同行した仲間内では一番若く水泳も達者だったというが、燃えさかる怒濤の海に押し流されてしまったのだろう。あのスポーツマンタイプの好青年だった彼の姿が眼に浮かぶ。彼は女学校で私より一級下だったNさんと結婚した。彼と結婚したNさんはそのころ金山直営の鉱山病院で事務をしていた。かつて竹田宮恒徳殿下が来鉱されたおり、私を含めた三人が接客係に選ばれたが、彼女はその中で唯一実際にお茶を献上した美しい人だった。

佐渡金山から選ばれて出港した人はフィリピンのパラカレ地区へ赴くことになっていたが、彼だけは他の企業の一行と現在のインドネシアのバンカ島へ出向することになったそうだ。虫が知らせてか、彼はこの地区への赴任をひどく拒んでいたとのちに夫人から聞かされた。内に秘めた抗議を上司に打ち明けるすべもなく、彼は荒涼とした心で当時身籠っていた若妻のことを想いつつ占領地に向かって発ったに違いない。恋愛結婚をし、身籠っていた若妻のNさんの長い葛藤の日々を思うと、身につまされる思いがした。

彼らの青春は戦争を媒介し、薄命を背負わされる運命にあったが、そのむしばまれた青春にもひとときのきらめきはあったはずである。しかし戦争という否めようもない現実の前には、その小さな光さえも抹消されていった。いまわしい戦禍は残された者の上にも貼りついた痛みを課していた。工作技師だったS氏は大洋丸の撃沈にあいながら生還したとき、同僚の死への鎮魂に明け暮れ、慟哭を禁じ得なかったという。

八十六年前、二千人をも乗せた巨大な民間船タイタニックが氷山の一角に激突し、沈没していった痛ましいさまを私は映画で見たが、五十六年前に一千三百人余りの民間人を乗せた巨船大洋丸が、五島列島の沖合を出て南シナ海に出た矢先、アメリカの潜水艦に狙撃された当時のようすを、このタイタニックと重ね合わせていた。

# 第九章

## 三十八年ぶりのクラス会

その日は如月の風が町のネオンを吹き消すかと思うほど、夕闇のせまる街はひどく荒れ、冷え込んでいた。私は風の鳴る横浜近郊の見知らぬ駅の商店街を身を縮ませて歩いていた。

この日、私は女学校時代の友人からクラス会を催すので出席してみないかと誘いを受けていた。夫を亡くしたばかりの悲しみの中にいた私はあまり気乗りはしなかったが、思いきって出かけてみることにした。

クラス会の会場を私はようやく尋ねあてた。この会場はかつて佐渡金山時代、一緒に金山に勤めていた女性が夫とともに経営している店だった。静かな街の一角に、改築したばかりと思われる木の香も新しい鮨屋風の店であった。店内には明るい電灯が瞬き、白衣を着た二、三人の料理人の姿があった。掃除の行きとどいた広い階段をのぼると、青畳の敷かれた宴会用の大広間があった。そこにはすでに男女あわせて十四、五人が座席を囲んで集っていた。男性側には会社社長、区会議員、元新聞記者、国立大学の事務局長など要職に携わっている人の姿が見え、女性側は早くも夫を亡くした人たちもいた。製薬会社専務の妻、高校教師、大学教授の奥様、それに重役夫人など多彩なメンバーの集まりだった。

四十年に近い膨大な歳月の流れは、私たち級友の心になにを呼びかけ、なにを見つめあわせようとしていたのか。おそらく女学校時代の級友たちの心によぎっていたものは、あのいまわしい戦争を境に、結婚し、そのおびただしい時代の風潮の中で夫を戦場に送り出し、乏しい配給生活に苦慮しながらも子供を育て、夫の家族に謙虚に仕え、封建的な結婚というしきたりの中で、真剣に苦汁の道を耐えぬいて生きた屈折した日々の実感だったのではないだろうか。私がそうであったように。それは私だけの推測だったかもしれないが、しかし級友の誰もがその話に触れようとはしなかった。

私は新潟の女学校から転校してわずか一年間だけこの学校に籍をおいていたが、それでも互いに語り合っているうちに、長い歳月の向こう側にあの頃の旧友たちの面影があぶり絵のように浮き彫りにされ、青春をともに過ごした瑞々しさが蘇ってくるのを感じていた。

男性側は私の知らない人々だったが、私のクラスメートの小学校時代の同級生たちということだった。

酒席を囲んだ男性たちの話が弾む。

「のぅ。あんたの書いた『遠い海鳴りの町』二回も読んだっちゃ。何回読んでもあきゃせんちゃ」

佐渡金山の町をテーマにしたこの本は、夫を亡くす一週間前に出版されていた。

製薬会社の社長が私の隣で酒臭い匂いを漂わせて言った。そのかたわらにいた大学の事務局長をしているというI氏もかなり酩酊していた。

「清純な乙女心ってやつかな、あの本読んでそう感じたよ。俺はあのころはまだ大学生だった。あんたのことはよう知っとったっちゃ。あんたはひとりになったと聞いたけど、もう大丈夫だ。俺がついているから安心しな」

彼は酒の勢いを借りてオーバーな表現をしてみせる。彼の父は私が金山に勤めていたころの採鉱技師だったということで、私はこの父親のことはよく知っていたが、彼の学生時代のことはもちろん、彼の存在そのものもまったく知らなかった。

「オイ、ただごとでないこと言うなよ」

製薬会社の社長がニヤニヤ笑いながら野次った。I氏は要職のかたわら俳句をたしなんでいると聞いた。彼は「自分の句を読んでもらう人を僕は強制的なファンに仕立てて会員になってもらっているんだっちゃ」と豪語し、私もその場で会員にさせられてしまった。彼の俳句は彼の磊落な人柄同様ユニークなものが多く、それからというもの三、四ヶ月ごとに分厚いファイルに綴った彼の手造りの俳句集がコピーされて送られてきた。その作品は俳句集といっても、彼の交友関係、妻のこと、風景、若き日に勤めた職場の失敗談、神社、仏閣を巡ったおりの写真集などをエッセイ風にまとめ、その中に絶妙な味の俳句を織り混ぜるといった彼独特の趣向をこらしたものだった。自由闊達でユニークに富み、何のへつらいもなく澱みなく溢れ出る、さっくりとした言葉の持ち味に私はいつしか誘いこまれていった。

○夕立とわかるか蟻もつっ走る

○犬小屋に一つおごりぬ掛飾り

（これは中村汀女先生の選に入ったもの）

私の手元には短期間で作られた彼の句集が七、八冊もある。句集にかける彼の熱い生命の飛沫が感じられた。

酒席を囲んで座は賑わい、女友達はおかし気に声を上げて笑いあっていた。男たちは小学校時代の童心に返り「オイ何々ちゃん、何々ちゃん」と、ざっくばらんに女友達に寄りかかるように語りかけていた。

この席に消防署の署長や区会議員を歴任したという赤ら顔のでっぷりした好々爺という感じの人がいたが、彼は私の席の正面に座っていた。彼は「いやぁ、しばらくですなぁ」と声をかけてきた。私はだれだろうといぶかったが、彼は佐渡金山の大間の築港に私と同じ時期勤めていた者だと言った。彼の名前を聞いた時点で私は一気に記憶がよみがえった。

彼は当時、蚊とんぼのように痩せた小柄な青年だった。彼は私の勤めた電気事務所に学生っぽい紺の詰襟の服に伝票をひらつかせてよくやってきては、職員となにやら打合せをして帰った。帰り際、彼は陽気にスキップを踏み、口笛を吹きながら出ていった。彼の動作は常に敏捷だった。眉の濃い瞳の大きい彼の印象だけは昔と変わっていなかった。彼は当時、同じ大間の築港に勤めていた私のクラスメートのKさんのことが好きで、ずっと片想いだったと話した。その彼女もこの席にいた。彼女は女学校時代にテニス部の選手として県代表で神宮大会（団体）に出場した人である。彼女はすでに高校教師の夫を亡くしていた。彼は彼女に誘われ、二人でダンスを楽しんでいたが、肥えた身体をもて余すようにしながら赤ら顔をクシャクシャにして「光栄ですなぁ」を連呼しながら、はにかみを見せて踊っていた。

酒宴はだんだんと高揚していった。

部屋の上席でさきほどからクラスメートの一人がレコードにあわせて淡谷のり子の「別れのブルース」を黒いドレスに身を包み、身振りよろしく歌いはじめていた。次の出し物は国定忠治の「赤城の子守唄」である。彼女は縞の合羽に手甲脚絆をつけ、手に笠をかざしながら粋に踊り歌っていたが、そのどれもが堂に入ったもので、周りからの大きな拍手を浴びていた。彼女の着ている衣裳、レコードは彼女自身が調達した自前のもので、彼女はこれらの道具を大きなスーツケースに納めては、町内の祭り日や老人養護施設への慰問、刑務所の囚人たちの慰問にと、暇を作っては巡回しているという。「これは私のささやかな慈善事業なんだっちゃ」とさわやかな笑顔で彼女は言った。女学校時代の教室で、彼女は私の席のすぐ後ろにいた人で、当時はバスケット部の選手だった。そのころの彼女は口数が少なく、踊りや歌に縁のある人とは思えなかった。

私はこのクラス会で金山町に生きた人々の飾らない心に触れた思いがしていた。

## 想い出の技師たち

『遠い海鳴りの町』を出版した数ヶ月後、私はすでに忘れかけていたなつかしい人からの電話を受けた。それはかつての日、日本海の季節風が吹きすさぶ吹雪の峠道で、幹部候補生として出征していった電気技師の加納氏からであった。

電話の向こうで聞こえる声は昔ながらに低く通る声だった。

「あ、Mさんですか。僕、加納です。久しぶりです。お元気ですか。実は突然お電話したのは、あなたの書かれた本を拝見したからです。なつかしくて、出版社にあなたの電話番号を聞いたんですよ。とにかく、近いうちにお会いしたいですね」

彼は私の旧姓で話しかけてきた。私は動揺した。彼はかつて娘時代、私が想いを寄せた人である。彼からの電話は三十八年間の空白を一挙に凝縮させた。私は自分をどのように処したらいいのかとまどった。私は自分の中の気持ちの整理がつかないまま、とにかく会うことを約束した。

彼は三菱金属本社の社長の地位についていた。東京駅にほど近いビルの立ち並ぶ一角に彼の会社はあった。私は受付の若い女性に案内されてエレベーターで社長室に向かった。私の心は落ち着かない。受付の女性がドアをノックして来意を告げ、私を社長室に通してくれた。

「オッ、お久しぶりです。よく訪ねてくれましたね。無事でおられてよかったですね」

「ほんとうにお久しゅうございます。加納さんもお元気でなによりでございます」

私は彼に深々と頭を垂れた。彼にごく自然に挨拶している自分が不思議なくらいだった。膨大な気の遠くなるような歳月は、若い日の恋情を遠ざけ、人間としての尊厳で彼と向かい合っている自分を私はそこに見ていた。

「こうしてお会いできたのも、あなたが本を出版されたおかげですよ」

彼は人なつこい笑顔を見せて言った。

私はその本の中に彼との惜別の項を書いていた。

「二度とない人生です。出会いは大切にしたいものです」

さわやかな声である。彼は懐かしみを込めたまぶしそうな瞳を向けて握手した。その髪に白いものが見えたが、その仕草に昔の面影があった。

彼の語るところによると、彼はあの吹雪の吹きつける早朝の中山峠を越え、中国に渡って入隊したが、やがて内地に帰還し、間もなく会社に帰属したという。その後、永い勤務ののちに彼はこの本社の社長の地位に就いたという。彼の永年の功績は物事の真実を見ぬく眼力と英知、その時機を失しない実行力と勇気があってこその栄光の座だと私は思った。

彼がかつて佐渡金山の現場事務所に入社してきたとき、転勤して間もなかった主任技師のK氏が、彼の豊かな知識と活力に満ちた魅力ある話し方に傾注し「君はあらゆる点で天質を持った人だ」と彼を高く評価していた。彼はこの主任技師に「僕は将来本社の専務くらいになりたいと思っているんですよ」と言った言葉がふと私の脳裏をかすめた。

加納氏と出会った年の秋のことだった。

かつての日に佐渡金山の電気課に勤めた現場の人々が相川で健在にしていることを聞かされた私は、彼の勧めもあってともに相川を訪れた。相川の町から少し離れた岬に金山直営のホテルがあり、私たちはそこで昔の仲間たちと会合することになった。

この日はちょうど二百十日だったが、島は穏やかな空模様だった。初秋の泡立つ海岸線に沿って緑の田畑が続いていた。ハザ木にたわわにかけられた稲穂が微風にあおられながら、日本海の海の光を受けてさわやかに鳴っていた。はるか街道の下の渚には漁村の集落が小さなマッチ箱を組み合わせたように点在し、昔と変わらない風情を見せていた。ただ、当時の藁葺屋根が色とりどりのカラー鉄板に変えられていたのが少し淋しかった。外海府に続くこの沿岸の一本道は、ゆっくりとしたカーブを見せながらどこまでも続いていた。この道を挟んだ片側の丘にゆったりとした田園が広がり、おだやかな風情を見せていた。と思うと、急に巨大な岩石の断層が道にせせり出、高く澄んだ青空に切り立つような恰好で立っていた。昔ながらの風景である。

私たちは尖閣湾に無数に点在する風蝕された巨大な岩壁を眺めながら、外海府の入口にあたる岬のホテルに着いた。ここに着くと昔の懐かしい人々の顔がすでに出迎えてくれていた。金山の電気工場にいた雑役のおすいさん、ボイラー室にいた小夜さんとおなつさん、当時現場で技師をしていた職員のS氏も訪ねてきてくれた。

「よくもまぁ、忘れもせんと、こんな島の果てまでも、われわれを訪ねて来てくれましたのう」

若いころから俳句を作ることの好きだったおすいさんは、着物に帯をきちんと着こなして私たちに挨拶した。彼女はいまも俳句を作って、島の愛好家の句集の本に掲載していると言った。彼女の夫は工作の現場で作業をしていたたくましい青年だったが、彼も健在とのことだった。

「オッ、小夜さんしばらく。元気かね」

加納氏はみんなに挨拶したあと、小夜さんに気さくに言葉をかけた。

「はぁ、小夜です」

加納氏が声をかけた人は、ボイラー室の雑役をしていた小夜さんである。彼女は地味なワンピースの裾を畳にすりつけるようにして丁寧に頭を垂れた。彼女はいつか現場事務所で加納氏に、

「これ女、この弁当食べろ。君にやる」と言われ「旦那さん、すみません。いいんですか、頂戴しても」と旦那さん、旦那さんを連呼したその人である。

小夜さんはもう旦那さんとは言わなかった。彼女の夫は工作で大工をしていた実直な大柄の

青年だった。あのころの洗い髪を束ねた彼女の清楚な髪は、ちりぢりにかかったパーマに変わっていた。顔には縦じわが深く刻まれていたが、その澄んだ大きな瞳はやはり昔のままにすがすがしく濡れていた。同じボイラー室にいたおなつさんは、このボイラー室にいた西郷隆盛のような風貌をした青年と世帯を持ったが、その夫を日中戦争で亡くし、いまは観光シーズンを迎えて忙しくなる町の旅館の手伝いに通っているそうである。彼女の丸いおおらかな顔を見ていると、戦争で夫を亡くした悲哀などさらさら感じられなかった。彼女たちの内部には日本海の漁村の荒波にさらされながら生活してきたたくましさと純朴、おおらかさがうかがえた。

　四十年に近い歳月は、その人その人の風格を築き上げてゆく。当時の現場技師のS氏は色の黒い背丈のある一見厳(いか)つそうに見えた人だったが、八十に近い年齢を重ね、あのころの精悍さは影をひそめ、立派な品格を備えた老紳士になっていた。彼はいまもなお現役で、この町で電気関係の事業を従業員を使って子息と一緒に営んでいるという。その彼がこの席に『遠い海鳴りの町』の本を手にして入ってきたとき、私は妙に面映ゆい気持ちになっていた。なぜならば、私はその本の中に彼のことを書かせてもらった部分があったからである。当時、彼が夫人を亡くしたばかりのことで、後添えにしたと思われる女性のところに彼はよく手紙をしたため、雑役のおすいさんに届けに行ってもらっていた。私はS氏とこの女性はてっきり結ばれたものと思い、〝結婚をしたようである〟と書いていたのである。

　仲間の人たちと向き合って宴を囲んだおり、私は彼に、

「あのときの女性の方がいまの奥さまでいらっしゃるんでしょう」と不躾な質問をした。

「あぁ、あの人ですか。いやぁ、あの人は嫁に貰いませんでしたよ」

彼は穏やかな口調で言った。

私は一瞬拍子抜けした。結婚したとばかり思い込んでいたのは、私の一人よがりの思い過ごしだったのである。私は心底恐縮した。

「いゃ、いゃ、みんな昔のことです。気にしなくともいいんですよ」

彼は大きく手をかざし、他人ごとのような無頓着さで答えた。昔のあのいかつい顔でどやされるのでは、と思っていた私は彼の寛大さに救われる思いだった。

眼下に広がる初秋の湿った風を含んだ海鳴りの音を聞きながら、私たちはかつての華やかな鉱山まつりを想い浮かべ、おけさを唄い踊った。金山（やま）の有志の人々が無礼講で笛や太鼓の囃子を入れてくれたので座は賑わい、私たちは当時の雰囲気を満喫しながら遠い日の記憶を呼び戻していた。同じ職場で過ごした仲間同士の根の深さだろうか、私たちはすっかり明け放たれた気持ちになって語り合っていた。

昔の仲間に会えたという心地よい印象に浸りながら、私たちは両津の港に着いた。

九月の空は青く澄み、港に水鳥の群れが白い翼を輝かせながら羽ばたいていた。セスナ機の小窓から見る初秋の海は少し波立ちながらも、藍色の瑞々しさを見せてうねっていた。この海は私が十五歳の春、家族とともに渡って来た海である。あのときの海は白い牙をむいて吠え続けていた。私は初めて訪れようとする北越の孤島・佐渡ヶ島に、十五歳の感傷であろうか、あれやこれやの想いを巡らせながら、この島を訪れたのだった。そうした想いがふと頭をかすめた。

私ははるか上空にかすむ蒼ざめた山並みに眼を移していた。その山並みの下にどこまでも白く優雅に光る瑞々しい一筋の蛇行を見た。神秘的に、冷やかに、蒼ざめて光るこの雄大な風景は、太古の昔を思わせる幽玄さと、厳かさをもって私の前に横たわっていた。私はしばらくこの悠揚とせまる風景に魅入っていたが、ふとかたわらの加納氏に、

「あのはるか向こうに見える美しい山々の下に、白く光る蛇行、あれは何なんでしょう。川でしょうか」とたずねた。

「そう、あれは多分利根川(とねがわ)かもしれませんよ。きれいですなぁ」

彼は小窓をのぞき込むようにして言った。

「このあたりからでも利根川が見えるんですね。なんてきれいな風景なんでしょう」

私は食い入るようにこの風景に魅せられていた。この蒼ざめた幻想的な風景の中で、私はなぜか急に熱いものが込み上げ、思わず嗚咽していた。

「どうしたんですか？　急に……」

彼はいぶかるような眼差しを向けてたずねた。

「いいえ、別になんでもないんです」

私は込み上げてくる嗚咽を懸命にこらえようとしていた。それはまったく自分でも意識せずに出た嗚咽だった。この嗚咽は荒々と吠え続ける海を渡ってきたあの少女の日の悲しみがよみがえってのことだったのか、それともいまセスナ機の上空に、冷やかに蒼ざめて光る神秘的な風景に魅せられたせいだったのか、あるいはその両方がないまぜとなって私の中に交錯したのかもしれない。しかしそれは多分私の人生の大半を費やした結婚生活に、起因していたのかも知れない。夫の酒癖ゆえに暗い極印を押されたような生活を強いられて生きたあのころのことが、まったく予期せずに不意に私の脳裏をかすめて通ったのだ。そしていまここに膨大な歳月を経て、かつての日、想いを寄せた人と静かに上空で並んで座っているという不思議。こうした人生の断片が走馬灯のように駆けめぐり、熱い渦となって私を襲っていた。

娘時代、私は彼に甘美な、そして熱砂の痛みに耐えられないほどの恋情を覚えていた。しかし四十年に近い歳月は、あのころの彼へ寄せた胸の高鳴りと焦燥の時を、まるで嘘のように押し流し、いまは穏やかな気持ちで懐かしみを嚙みしめている。しかしこのはからずもあふれでた嗚咽には、遠い日に想いを寄せた人といまここにいるといういいしれぬ感慨があったことはやはり否めなかった。

いつの間にか蒼ざめて瑞々しく光っていた海原に、太陽が赤くざわめき、やがてその赤は薄いバラ色に移行し、その色もいつか萎え、薄墨色の夕闇が海原にひたひたとせまっていた。私たちは暮れなずむ海原を眺めながら、それぞれの心で押し黙っていた。

それからどのくらいの時が経過していったのか。実際のセスナ機の旅はいくばくもない時間だったはずなのに、その時なぜか私にはずいぶん長く感じられた。

「さぁ、そろそろ羽田に着きますよ。疲れましたか」

彼は気遣うように私の方を見やった。

「えぇ、大丈夫です。さきほどは恥ずかしいところをお見せしちゃいまして……。いい年をしてほんとうにおかしいですわね」

私は照れを隠すように笑って言った。

彼はそれを否定するかのように、

「いやぁ……、ご主人を亡くされてまだ一年も経っていないので、いろいろ感慨があったんでしょう。余り思いつめない方がいいですよ。気持ちはわかりますけど……」

彼は私を励ますように言ってくれた。

機上から降り立った空港のターミナルに、心地よい秋風が吹き渡っていた。

佐渡金山の工作技師で太平洋戦争のさなか、フィリピンに向かう途中でアメリカの潜水艦の魚雷を受け、九死に一生を得て帰還したS氏から、私は佐渡金山時代に写したという写真を送ってもらった。その写真は当時の相川町の冬景色を写したモノクロのキャビネで冬の峠道を頻かむりし、寒そうに前かがみになりながら、重たげにソリを曳いている一人の年老いた女性を撮ったものだった。場所は多分中山峠だろう。つましい生活観が漂ってくる風情があった。彼はさりげない日常の見過ごしてしまいそうな人物や風景に対して、温かい眼差しを常に注ぐ人だった。彼は『ノンフェラス行路』というタイトルで、鉱山時代の想い出を回顧した自分史を書いている。そこには転任先の鉱山で自らの手で機械を開発したこと、中でも福島県小名浜の銅製錬所で、当時国内の転炉のパンチングは人力では賃金の最も高い職種とされていたため、彼はそれを機械化して苛酷な労働をセーブして合理化を計ろうと研鑽を重ねた結果の技術も開発したのである。これは国内で初めて採用された技術だったという。その他にも彼は部下とともにこの製錬所に第三電解槽を造っている。これは世界で初めての方式で各国の特許を取っている。彼はこの製錬所に一七〇メートルの高煙突を造ったが、そのエレベーターの上部室の高さが東京タワーの第一展望台より一メートル高いということで、当時の週刊誌に書かれたり、東京タワーからクレームがついたりしたそうだが、彼の一徹さでその高さを押し通したという。現在そのエレベーターは取りはずされ、無害化したガスを年数回排出する排気塔になっているそうである。

彼はこうしたことがらを『ノンフェラス行路』に日常のエピソードを織りまぜながら、さりげなく率直にしたためていた。日本の鉱山を十数ヶ所も転々と歩いた彼は「自分はいわばサラリーマンと思ってますよ」と謙虚に語っていたが、金山一筋に生きた年輪が、彼の赤銅色したさわやかな顔からうかがえた。

福島県いわき市の銅製錬所の初代所長を務めた彼は、私と会ったころ顧問の役職にあった。私は加納氏と彼の厚意でこの製錬所を見学させてもらった。世界有数の規模と技術を誇る工場は、海岸沿いの広大な敷地の中にあった。広い工場は奇妙なくらい人影はなかった。精密機械を操る作業はコンピューターでオンライン制御をしているそうだ。

この製錬所を訪問させてもらったおり、当時佐渡金山の電気課の上司で課長をしていたK氏が、八十九歳の高齢で福島県の阿武隈（あぶくま）山中に居を構えていると聞き、私は加納氏とS氏の案内で訪問させてもらうことができた。

九十九折（つづらおり）の林道をいくつもいくつも越え、ようやく商店の立ち並ぶ町に出た。K氏夫妻の住居はこの町の小高い丘の上にあった。家の前には夫妻が丹精して作ったのであろう山つつじやチューリップの花々が美しく咲き匂っていた。玄関に出迎えてくれたK氏は、あのころに比べ、背がかなり丸くなって小さく感じられたが、私たちを気持ちよく座敷に案内してくれた。

「こんな山奥の辺鄙なところによく訪ねてくれました。永生きしてよかった。あなた方にお会いできるなんて……」

高齢な氏は昔と変わらないしっかりした口調で話した。夫人は山の珍味を出してもてなしてくれながら、

「こんな山の奥に住み、年は取っても生活そのものは昔と少しも変わってはいません。関節を痛めたので隣村までバスで通っているんですよ。その間に料理・洗濯・買出しと身体の休まる暇がないんですよ」

日焼けした頬をほころばせて夫人は言った。

気丈な夫人は、昔取った杵柄で近所の娘さんたちに生け花を教えているとのこと。氏も毎日の山歩きを欠かしたことがないそうで、旺盛な生活意欲が感じられた。

加納氏が昔の弁舌さわやかな口調で、現在の会社のようすなどを話しはじめると、氏は小柄な身体をのめるように出して聞き入った。その瞳に昔の精彩さが蘇っていた。話が一段落すると氏はくつろいだ表情で茶をすすりながら、私にまぶしそうな視線を向け、

「あなたは温和な紅一点の娘さんだった。それだけに現場の事務室を明るくしてくれました。当時、加納氏とあなたが淡い恋心を抱いておられようとは少しも気がつかずにおりました。加納氏が応召され、あなたは郷里の小千谷に帰られるで、かわりの事務員さんを入れたはいいが、事務室はすっかり様変わりしてしまって淋しい思いをしましたよ」

昔の金山時代を思い出してか、氏の瞳は遠くを見つめるように輝いていた。

あのころの氏はカーキ色の詰め襟と折り目正しいズボンを身につけ、口髭をぴーんと張った紳士だった。いつも背筋を正し「おはよう」と、さわやかな声をかけて現場事務所に入ってきたものだった。氏は温厚な人柄だった反面、物事を洞察する鋭い知覚を備えた人で、のちに佐

渡金山の副鉱山長にまで昇格したと聞いた。その後日本のいくつかの鉱山で水力発電所の建設に心血を注ぎ、最後に細倉（ほそくら）鉱山で終戦を迎えたという。退職後は生まれ故郷のこの山村に戻り「貧乏自適の生活をしている」と氏は言った。

「あのころは終戦直後で退職金は涙金だった。儂は家内と二人で近くの駅から大八車でわずかな身の回りの品を運んで帰った。幸いなことに兄たちが近くの山で伐採した木をそのまま使って家を造ってくれたので助かった」

なるほど氏のいわれるように家の天井は荒削りの丸太の大木でがっちりと組まれ、廊下を挟んだ二間続きの広い部屋の空間は簡素で禅寺を思わせる静謐さがうかがえた。

「あの金山の小さな事務所から加納氏が本社の社長になられ、あなたが物書きになられようとは、儂も鼻が高い」と満足そうだった。彼とは対照にもならない自分までが褒められた恰好になり、私は返答に困った。

同行したS氏は先ほどからの話を聞きながら、ときおり相づちを打ち、例の人なつこい笑顔を絶やさなかった。

氏は佐渡での生活を不思議なほど鮮明に覚えているといい「淋しい晩年に再びみなさまにお会いできたことは、これもみんな佐渡時代のなつかしいご縁です。ありがたいことです」

白いワイシャツの上に背広を着た氏は、座卓を囲んで終始謙虚に語った。

私はその後、佐渡時代を回顧した生き生きとした筆跡の書簡を何通も氏からもらった。その書面にはいつも「耄碌ボケと相成り、自分ながら呆れおります」としたためてあったが、気骨をもって書かれたその筆跡は、字の配列からも、そのころすでに九十九歳の年齢の人とは思えず、私は明治人らしい質感をそこに見ていた。

## 海鳴(かいめい)会

十月も終わりに近い日暮れた東京の町に霧雨がしきりと舗道を濡らしていた。山手線のS駅を降り、駅前の坂道を登りそこを右手に折れると、古い高級住宅が樹木の繁みの中にひっそりと並んでいた。その濡れそぼった舗道の一角に、灰色の静かな高輪(たかなわ)会館が建っていた。

会場のロビーには背広姿の老紳士たちが、あちこちで「いやァ、どうも、どうも」と挨拶を交わしている姿が見られ、その中にまじって和服姿やスプリングコートの婦人たちの華やいだ笑いが聞こえていた。みんな懐かしい顔ぶれである。当時の採鉱技師、工作技師、事務関係の人々。それに私たち女子事務員仲間と、全部で二十人近い人々が集まっていた。

この日は、加納氏と前述した大洋丸で受難した元工作技師S氏の呼びかけで、佐渡金山時代の同志がこの会場に集い、昔日の思い出を語りあうという趣旨のものだった。「二度とない人生の出会いを大切にしたい」という、加納氏の想いがこの会に込められていた。名も『遠い海鳴りの町』にちなんで、〝海鳴(かいめい)会〟と加納氏が名付けた。佐渡金山という特殊な町で職場を通して出会った人々が、四十年近くを隔てて再び会いまみえたのである。この佐渡金山で人生のスタートを切った人たちだけに、その感慨はひとしお深い。宴席は三十畳ほどもあろうかと思われる和室だった。部屋に上がるとナイロンの靴下が畳の上にひんやりと感じられた。戸外の霧雨はまだやみそうもない。

コの字形に並んだ席に料理が彩りよく並べられていた。工作技師だったS氏が四十年ぶりで会えた喜びをそつのない和やかな言葉で挨拶した。その隣にかつて本部事務所にいたH氏が座っていたが、彼はS氏とともにこの会の世話役を引き受けてくれていた。誠実で朴訥な態度は金山時代の彼と少しも変わっていない。あちこちで旧交を温めあう人々の感動した声が弾む。そんな和やかな雰囲気の中で加納氏が「無礼講でいこう」と、マイクを片手に「他人船」を唄う。それに続いて宴席から歌謡曲や民謡が披露されていく。和服姿の小柄な婦人が私の隣で堂々と詩吟を披露した。この婦人の夫君はかつて金山の精錬技師をしていたが、妻である彼女と三人の子供を残したまま社命で外地に赴任したものの、その後三十有余年という途方もない歳月を音信を断ったままでいた。彼女はその間、夫の実家で家を守り続けているYさんであった。この席に「若浪会」という女性だけで構成しているおけさ踊りの達人たちが招かれていた。彼女らはレコードにあわせて波飛沫の浴衣を着て、佐渡おけさなど姿よく輪になって踊った。

私はその踊りを見ながら、かつての日、年に一度の鉱山まつりを彷彿と想い出していた。海鳴りの聞こえるあの狭い町中を芸者衆を乗せた豪華な山車(だし)が続き、その山車について金山(やま)の男たちが揃いの浴衣に豆絞りの手拭いを首にかけて赤い紐の菅笠をかぶり、なまめいた腰巻きをのぞかせながら、山車の上の囃子方の笛太鼓に合わせて夜どおしおけさを流して練り歩いていたことを。男たちの踊る踊りは粋で鷹揚だった。

いまここに集まった人々の誰もが、若浪会の踊りを見ながらあのころの鉱山まつりに想いを馳せていた。

「おけさ踊りはいつ見ても懐かしい。実にいいですなァ」

加納氏が感慨を込めて言った。彼も当時を思い出していたのだろう。当時、彼は川沿いの町をほろ酔い加減で浴衣の裾をたくし上げ、豆絞りの手拭いを頭からすっぽりと頬かむりし、どじょうすくいでもするような恰好で他のエンジニアたちと一緒に芸者衆を乗せた山車について陽気に踊りの群れの中にいた。私は川向こうの人垣の中でその姿をたまたま見たのだが、彼らしい一面を見て思わず苦笑したものだった。あのころの若さの照り映えが昨日のことのように思い出されてくる。

そんな思いの中にいた私の前に歩み寄って来た人がいた。その人は金山時代、会計に勤務していたK氏だった。彼は私の前に杯を差し出しながら、

「僕はこの海鳴会が好きなんだよ。なにしろこの会は、僕が人生の一歩を踏み出した金山時代の人々の集まりなんだもんなァ。こうしてみんなと会っていると、遠ざかってしまったわれわれの青春が再び蘇ってきたようで、僕は思わずはしゃぎたくなるんだ」

彼は青春を呼び戻し、童心に返ったような無垢な表情で明るく話しかけた。白髪まじりの彼

の瞳が輝いていた。

三十八年ぶりに会った彼は東京商科大学（現・一橋大学）卒業後、大手の本社の監査役をしていたが、彼は私の亡夫の東京での府立商業学校時代の学友でもあった。当時彼は夫の実家のあった道玄坂下の家を訪ねては、夫と一緒に勉強したという。彼と夫はそれぞれの大学（夫は明治と中央）に進み、別々の道を歩んだが、当時夫は佐渡金山に勤めていた私のことを知人に聞いたらしく、私を結婚の対象として考えていたようである。この旧友のK氏が同じ金山の会計課に勤めていたことから、夫は私のことをどういう女性かと、東京から手紙で問い合わせたらしい。K氏は当時同じ会計課に私の妹が勤めていたことから、てっきり妹のことと思い、妹のことを報告したようである。夫は結婚後「あいつは勘違いしていたらしい。どうもお前のことじゃなく、妹さんのことを書いて寄こしたようだ。まったく損をしちゃったよ」とぼやいていたが、人生の歯車はちょっとしたはずみで轍がはずれると、とんでもない方向に逸れるものである。「損をしたのはあなたの方でなく、私の方ではなかったかしら」と私はそのころ夫に言いたいくらいだった。

妹はその後、歯科医の元へ嫁いだ。この海鳴会にも顔を見せていた。

私の隣に物静かな老紳士が座っていた。彼は当時採鉱技師だった。山裾の硫黄くさい鉱滓の流れる川の音を聞きながら電気工場の中にいた私は、採鉱の山の天辺で働いていた彼のことなど知る由もなかったが、彼を知ったのは多分、年一回山の神の八幡さまの広場で催された金山の大運動会のときだったかもしれない。彼はのちに大手の本社の副社長にまでなった人である。彼は心臓の手術をして療養中とのことだったが、そういえば夫と同窓だった先ほどのK氏も同じ手術を何年か前にしたそうである。

「彼は手術を受けてからは以前にも増してエネルギッシュな活動をしていますよ。彼の気魄にはかないません」

長身の物静かなH氏は心持ち疲労を宿した面を伏せて言った。一見無表情にさえ見える彼の蒼白い顔に、思索にふける温容さがうかがえた。

このH氏と同じ職場にいた採鉱技師のI氏も同席していた。

「いやァ、あの本の中に思いがけないところを書かれてしまいましたなァ。同僚に冷やかされっぱなしでたいへんですよ。ええ、家内ですか？　家内も元気でいます」

彼は白髪を掻き上げながら照れくさそうに笑った。

私は『遠い海鳴りの町』の本の中に、当時若きエンジニアだった彼が、精錬の課長のお嬢さんと結ばれたときのようすを書かせてもらっていた。

当時相川の町の銀座通りといわれた羽田の町を、春雨のそぼ降る宵に蛇の目の相合傘に入った二人を私は見受けた。少女のようなあどけなさを残した新妻と、絣の着物を着た書生のような彼が、相合傘の中で何やらむつまじく語り合って歩いていた。

私は二人の前を素知らぬ顔で通り過ぎたが、父を亡くしたばかりの私には、自分にはとうてい望めない世界を持つ二人を羨望の眼差しで眺めたものだった。

「こいつはバンカラで、そんな雰囲気を持った男じゃないんですよ。ちょっと、イメージが違うんじゃないかなァ」

工作技師だった例のS氏が横合いから口を挟む。

「みなさまとこうした邂逅があろうとは思わずに、つい書き立ててしまいまして……」

「いゃ、いゃ、いっこうに構わんですよ」と彼は照れくさそうに笑い、

「しかしなんといっても佐渡時代はよかったですよ。実は佐渡金山は小生勤務のうちの唯一の稼行金山でしたからなァ。現在中心の大立Ⅱ番坑は、小生の区長時代に開発したところで、一度ゆっくり家内と見物したいと思っているんですよ」

彼の目は不意に少年のような精彩を放って輝いた。青春の一時期を採掘にかけた男の情熱がそのときふっと燃え上がったのだろう。

この大立坑の開発には工作技師のS氏も当時携わっていたそうである。そのころの金山は最も輝いていた最後のきらめきの中にあった。それから十年余を経て、金山は閉山につながる未曾有の大縮小という事態に直面していった。

彼は俳号を持つ俳人で、自ら句会を主宰し、老人会の世話役なども引き受け、意気軒昂のところを見せていると聞いたが、その反面年賀状には、

「小生今年は古稀、物忘れ、惚け、寒がり、おっくう、大儀となに一ついいところがありませ

ん。老醜をみせたくないと思いながらも、どうすることもできなくてと、いう状況です」

またある年には、

「小生年金生活始めて数年になります。目減りが激しくまったくかなわんです。食う方はなんとかなっても、万一、病気でもしたらと思うと、まったくゾッとします。一週間くらいで死ぬ病気にでもかからないと、と思うと情けなくなります」

彼の年賀状は横書きの細いペンで、ひょうひょうと書かれていたが、老いてゆかねばならない人間のおぞましさ、切なさを、なんのためらいもなく、淡々と賀状にしたためて寄せてあった。彼の素朴な人柄に私は惹かれていた。

この席に、若くして戦争で夫を亡くしたNさんも姿を見せていた。彼女は娘時代に金山直営の鉱山病院で事務をしていた人である。彼女も戦争を担って生きた一人である。彼女の夫君はSさんといって当時採鉱の技手をしていたが、長身のスポーツマンタイプの好青年だった。二人は似合いのカップルとして人々に祝福されて結婚したが、その新婚生活は二年にも満たないものだった。彼女の夫君は先ほどこの席でそつのない挨拶をしていた元工作技師のS氏とともに、太平洋戦争中に軍需省の要請を受けて社命でS氏と同じ巨船に同乗し、海外へ出向したが、途中南シナ海の沖でアメリカの魚雷に遭遇して戦死したのだった。彼女はその後、一人娘の遺児を立派に育て上げて結婚させ、いまは再婚し幸せに暮らしている。今夕、海鳴会に彼女は満たされた瑞々しさを見せてこの席にいた。外地へ派遣され何十年もの歳月、音信のない夫の留守宅で子供たちと留守を守り続けている先ほどのYさんにしろ、朝鮮で戦禍に遭って同胞とともに監視の目を逃れ、命からがらヤミ貨物船に乗り、はいつくばって東シナ海のうず潮に翻弄されながら帰国したN夫人のことなど、私たち世代の青春は戦争を媒介した黒ずんだ不安の中に常に存続していたように思う。重い震動をはらみながら、混沌とした世界にひるまず一縷の希望に水脈を求めて生きた時代であった。

この海鳴会に集った人々の中、加納氏をはじめとして、太平洋戦争で大洋丸の撃沈を逃れた工作技師のS氏、金山の大立坑を開発したと目を輝かせて語ったI氏、大手本社の副社長を務めたという落ち着いた品位を見せた採鉱技師のH氏、この海鳴会の席で「青春が戻ったようだよ」と子供のようにはしゃいだK氏、それとこのたび本書の中に登場していただいた多くの方がすでに鬼籍に入られた。私の年齢ともなればごく自然の現象かもしれないが、残された者の悲しみははかりしれなく大きい。

今年二十一世紀を迎えた佐渡金山は、開坑以来四百年を迎えた。いまは廃山になってしまった金山だが、かつてこの金山に勤めた人々のあの活気に満ちた青春の情念が、そして金山を愛した町の人々の熱い想いが、かつての華やかな佐渡金山の鉱脈の層にその名残りをとどめ、息づいていて欲しいと切に願うのである（この文言は、「佐渡金山顕彰碑」として私の文学碑に自筆で刻まれている〈2005年4月15日〉）。

# あとがき

この作品は佐渡金山開坑以来の歴史の光と影を追いながら、思春期から青春期にかけて私が見つめてきた昭和初期の金山の町の人々の哀歓を書き上げたものです。

私は父の転勤で佐渡金山の町・相川に、昭和七年から十五年までの八年間を過ごしました。私の住む家の涯下から絶えず海鳴りの音が聞こえていました。のたりのたりと柔らかい日差しを受けて光っていた春の海、深々と濃い藍色に包まれた夏の海、絢爛とした途方もない夏の太陽が水平線に沈んでいった春日崎の夕映え、愁色を帯びて濡れそぼった秋の海、荒々しく吠え立つ冬の海の咆哮。私はこの四季の海を見つめながら、この町の歴史・文化・風俗を知り、この町で生きた男たちの、女たちの熾烈なまでの生きざまと、生きる執念を知りました。父を亡くしたたぐいない悲しみにも遭遇しました。

女学校を卒業すると、私は佐渡金山に七年間勤めました。その当時の佐渡金山は、隆盛から凋落に向かう最後の輝きの中にありました。作品には金山の構内で繰り広げられていった工員たちや技師たちの日常的な悲喜こもごものエピソードをはじめ、かつて栄々と日本一を誇った佐渡金山が、昭和二十七年の閉山に向けて大縮小されてゆく過程での従業員の苦悩、金山に依存して生きた町の人々の苦渋を見つめ、特に日中戦争・太平洋戦争のもとで、波瀾万丈の修羅を強いられ、生死を分かちあった金山の町の人々の生きざま等を描きました。

その後、三十四年ぶりで再会した彼らとの交流がありました。

かつて金塊を掘りつづけてきた特異な町・相川には、多彩な人々の織りなす人生模様があり、いまも私の心に鮮烈な印象を残しております。相川在住の八年間は、日中戦争の坩堝に巻き込まれ、起伏の激しい時代でありましたが、私にとっては、真摯に、ひたむきに生きることのできた青春の輝かしい一時期でした。

私はこの佐渡金山の町をテーマに昭和五十二年、光風社書店より『遠い海鳴りの町』を出版いたしました。このたびの作品『佐渡金山を彩った人々』は『遠い海鳴りの町』を土台にしたものですが、そのかなりの部分を削減したり訂正し、新たに百枚ほどの原稿を加筆したものです。

今年、佐渡金山が開坑四百年を迎えるにあたって、この作品が出版の運びに到りましたことを心からうれしく思っております。

作中における佐渡金山の歴史等は、麓三郎著『佐渡金銀山史話』の膨大な資料の一部を、相川町の風俗の一部は相川小学校創立百周年記念誌『相小の百年』の中からそれぞれ参照させて頂きました。ここに紙上をお借りして改めて厚くお礼申し上げる次第でございます。

二〇〇一年五月

著　者

## 『佐渡金山』復刻版に寄せて

この度、『佐渡金山』を角川文化振興財団より刊行することになった。

この本は『佐渡金山を彩った人々』として、二〇〇一年七月十五日に新日本教育図書から刊行されたもので、今回はタイトルを『佐渡金山』に改題した。

既に発行から十九年の歳月が瞬く間に通り過ぎてしまった。当時はマスコミ各社によって多数報道され話題を集めた。

娘の詩人・エッセイストであった故・田中佐知が、この小説をFM放送で全編朗読した。また、佐渡の相川小学校では、逸見修校長先生のご指導の下、六年生の生徒たちに、私の小説を娘が朗読したCDを教材として取り上げて頂いた経緯がある。逸見修先生は、献身的に佐渡金山の世界文化遺産登録運動にご尽力された方である。また、二〇〇九年三月二十八日、新潟大学旭町学術資料展示館主催による第四回世界遺産フォーラムが新潟県万代市民会館大ホールで開催された。新潟大学橋本博文教授並びに逸見修先生のご依頼を受けて、私も参加させて頂き、「佐渡世界遺産登録運動へのエール」を大学女子職員に代読して頂いた。

このように、以前から佐渡金銀山の世界文化遺産登録への熱意は大変強いものがある。私ばかりではなく、新潟県民及び佐渡市民・佐渡金銀山に係わるすべての人たちの願いでもある。現在、佐渡金山は、世界文化遺産の暫定登録中である。

私は、三菱鉱業㈱佐渡鉱山の女性事務員第一号として、昭和初期から七年間勤務してきた。佐渡鉱山の隆盛から凋落に向かう時期であった。つぶさに現場で佐渡鉱山の生きざまを見てきたものの一人である。四百年の歴史を踏まえ、佐渡金銀山の足跡を小説にした。

三菱マテリアル㈱及び㈱ゴールデン佐渡のご協力により、二〇〇五年四月十五日に「佐渡金山顕彰碑」が佐渡金山に建立された。大変光栄で名誉のあることである。

今年、二〇二〇年一月二十日で私は百三歳を迎えた。佐渡金銀山の世界文化遺産登録までは、二年程度の歳月を要する。五度目の挑戦となる。私が健康な時に、是非世界文化遺産登録が実現されることを心より願ってやまない。ついては、二〇二〇年の東京オリンピックの年に私の著書『佐渡金山』を刊行することになった。角川文化振興財団の『短歌』編集長石川一郎氏並びに吉田光宏氏には、ご理解ご協力を仰ぎ衷心より感謝申し上げる。また、帯には世界遺産総合研究所所長古田陽久氏に執筆頂き、感謝申し上げる。

この本が、いつまでも後世に残って貰えれば、著者としては、これほど名誉で嬉しいことはない。

佐渡金銀山の輝かしい歴史の一ページに寄与できたとするならば、幸甚である。

二〇二〇年三月吉日

日本文藝家協会会員　作家・歌人　田中　志津

## 著者略歴

田中 志津（たなか しづ）

1917年1月20日、新潟県小千谷生まれ。
作家・歌人。日本文藝家協会会員。
新潟県立相川実科女学校（現・佐渡高等学校）卒業。
三菱鉱業株式会社佐渡鉱山勤務。女性事務員第一号。

### 主な著書

『信濃川』（光風社書店・1971年）
『遠い海鳴りの町』（光風社書店・1977年）
『冬吠え』（光風社出版・1991年）
『佐渡金山を彩った人々』（新日本教育図書・2001年）
『田中志津全作品集 上・中・下巻』（武蔵野書院・2013年）
『ある家族の航跡』（共著・武蔵野書院・2013年）
『邂逅の回廊—田中志津・行明交響録』（共著・武蔵野書院・2014年）
『歌集　雲の彼方に』（角川学芸出版・2015年）
『年輪 随筆集』（武蔵野書院・2015年）
『歩きだす言の葉たち』（共著・愛育出版・2017年）
『愛と鼓動』（共著・愛育出版・2017年）
『親子つれづれの旅』（共著・土曜美術社出版販売・2019年）
『歌集　この命を書き留めん』（短歌研究社・2020年）

### 文学碑

佐渡市：佐渡金山顕彰碑
小千谷市：田中志津生誕の碑
いわき市：田中母子文学碑
（志津・佐知・佑季明）

佐渡金山顕彰碑（田中志津文学碑）
撮影：田中佑季明

『佐渡金山』は2001年7月15日発行の『佐渡金山を彩った人々』（新日本教育図書）を新装復刻版として出版するものです。

文中で使用している表現のうち、現代では差別的なものが含まれるが、文脈や当時の時代性を鑑みてそのままにしたものもある。また、漢字・数字等の表記統一を適宜施したほか、誤字・脱字については修正した。

# 佐渡金山（さどきんざん）


初版発行　2020（令和2）年3月30日
2版発行　2024（令和6）年6月25日

著　者　田中志津

発行者　石川一郎

発　行　公益財団法人　角川文化振興財団
〒359-0023　埼玉県所沢市東所沢和田3-31-3
ところざわサクラタウン　角川武蔵野ミュージアム
電話　050-1742-0634
https://www.kadokawa-zaidan.or.jp/

発　売　株式会社KADOKAWA
〒102-8177　東京都千代田区富士見2-13-3
電話　0570-002-301（ナビダイヤル）
https://www.kadokawa.co.jp/

印刷製本　中央精版印刷株式会社



ISBN978-4-04-884349-2 C0095